Monika Biermaier

Nützlingsquartiere für naturnahe Gärten

Inhalt

Vorwort

(Foto: Alexander Haiden/Natur im Garten)

Ein Garten bietet so viele Möglichkeiten. Hier hat es jeder in der Hand, ein kleines Refugium zu schaffen, in dem sich alle wohlfühlen – Mensch, Tier und Pflanze. Zur Freude über den eigenen gestalteten Raum kommt noch die Freude über so manches Kraut, das sich frei entwickeln konnte und über so manches Tier, das sich hier niedergelassen oder auch einquartiert hat. Im lebendigen Garten gibt es laufend Neues zu entdecken und zu beobachten. Wenn man auf die wichtigsten Ansprüche der kleinen Lebewesen achtet, hat die Natur vor dem eigenen Haus Erstaunliches zu bieten.

Nützlingsquartiere bieten eine zusätzliche Unterstützung für die heimische Tierwelt. Solche kleinen Bauwerke können ohne viel Aufwand hergestellt werden und sehr kreativ gestaltet sein. Sie ergänzen die Lebensräume der nützlichen Gartenhelfer und sind leicht im Garten unterzubringen. Und wenn die Tierwelt in ihrer Vielfalt bestehen kann, hält sie unseren Garten in einem gesunden Gleichgewicht.

Monika Biermeier
Juli 2012

Lebensraum Naturgarten

Im Frühjahr ertönt ein fröhliches Vogelgezwitscher. Hummeln besuchen frühe Blüten, das Leben der Bienen, Schmetterlinge und Käfer wird immer emsiger. „Summen und Surren" gehört zum Sommer wie der Duft der Holunderblüte und der laue Wind. Im Herbst fallen die reifen Früchte von den Bäumen, Wintervorräte werden angelegt. In Hecken, Stauden und Wiesen nisten sich Insekten und Kleintiere ein. Andere ziehen sich in Baumhöhlen und Erdgänge zurück.
All das macht das Leben im Garten aus.

(Foto: Monika Biermaier)

Paradies „Nützlingsgarten"

(Foto: Monika Biermaier)

Vögel, Bienen, Käfer, Igel und Frösche machen einen Garten erst so richtig lebendig. Diese nützlichen Tiere fühlen sich in abwechslungsreich gestalteten Räumen mit einer Vielfalt an heimischen Pflanzen wohl. Damit sie nicht nur kurze Besucher sind, brauchen sie geeignete Plätze zum Schlafen, zur Futtersuche, zur Fortpflanzung und zum Überwintern.

Ein dichter Efeu-„Pilz" rund ums Haus isoliert nicht nur gut, sondern bietet auch einer Vielzahl an Nützlingen Quartier. (Foto: canaryluc/fotolia.com)

Naturinseln schaffen

In Gärten mit sehr hohen Bäumen, dichten Hecken, Gebüschsäumen und Holz- und Steinhaufen können sich die Tiere in der Natur zurückziehen und in Verstecken ihre Nester bauen. Gräser und Wildkräuter, Wildfruchtsträucher und Bäume, die Früchte und Samen tragen, bieten ihnen das ganze Jahr über Futter. Heimische Pflanzen mit pollen- und nektarreichen Blüten fördern Hummeln, Bienen und Schmetterlinge. Teiche mit flachen Uferbereichen und Sand- und Kiesflächen am Rand ziehen zahlreiche Vögel zum Trinken und zum Baden an. In der Dämmerung stillen Igel ihren Durst oder Fledermäuse jagen über der offenen Wasserfläche nach Insekten.

TIPP 🐞 **Auf kleinstem Raum leisten Kletterpflanzen, Kräuterkisten und Staudenbeete mit ungefüllten Blüten einen wichtigen Beitrag zur Vernetzung der Naturräume.**

Der Erhaltung von lockeren Baumbeständen, alten und morschen Bäumen, frei wachsenden Hecken, Dornengestrüpp und Wiesensäumen kommt daher große Bedeutung zu. Gärten mit solch ursprünglichen Lebensräumen stellen kleine Naturinseln dar, die für das Überleben vieler Tierarten notwendig sind.

Funktionierendes Ökosystem

In einem gesunden Garten hält sich die Tier- und Pflanzenwelt im Gleichgewicht. Bienen, Hummeln und Schmetterlinge sammeln Pollen und Nektar von den Blüten, um sich und ihre Nachkommenschaft zu ernähren. Im Gegenzug sorgen sie dabei für die Bestäubung der Blüten und die Fortpflanzung dieser Pflanzenarten. Die Insekten wiederum sind Nahrung für Vögel, Igel und andere Gartenbewohner.

Und wenn sich heimische Pflanzen an standortgerechten Plätzen entwickeln können, haben Krankheiten und Schädlinge wenig Chancen. Kommt es doch einmal zu einer übermäßigen Vermehrung einer Tierart, stellen sich schnell die entsprechenden Fressfeinde ein und weisen die Schädlinge in die Schranken.

Natürlicher Kreislauf

Absterben, Verwelken und Vermodern, Vergehen und wieder neu Entstehen gehören zum Kreislauf der Natur. Abgestorbenes Pflanzenmaterial ist Nahrung für viele Lebewesen. Diese setzen durch den Abbau wieder Nährstoffe für neues Wachstum frei. Pflanzen sind Nahrung für Tiere sowie Behausung, Versteck und Nistplatz. Tiere sorgen für die Zersetzung und Aufbereitung von Nährstoffen, die wieder den Pflanzen zur Verfügung stehen. In einem Garten mit einem intakten Naturhaushalt ist leicht nachvollziehbar, wie neues Leben entsteht.

Vorteile des „Nützlingsgartens"

Das zeichnet einen Garten mit vielen Nützlingen aus:

* abwechslungsreiche Gestaltung
* aufrechtes Ökosystem – Blüten nähren Insekten, Insekten sorgen für Bestäubung, Insekten sind Nahrung für Vögel und andere Kleintiere
* gesunder Garten – Tier- und Pflanzenwelt kann sich selbst im Gleichgewicht halten (wenn ausreichend Nützlinge vorhanden, halten sie Schädlinge im Zaum)
* gesteigerter Erlebniswert durch Tierbeobachtung
* Kreislaufwirtschaft

Insekten sorgen dafür, dass die Pflanzen bestäubt werden und damit die Art erhalten bleibt.
(Foto: Monika Biermaier)

Eine Vielfalt heimischer Blütenpflanzen ist wichtig, um Nützlinge im Garten zu halten.
(Foto: Monika Biermaier)

Wer ist nützlich, wer nicht?

Ob Nützling oder Schädling ist nicht immer eindeutig. Ein Schädling, der einem Nützling das Überleben sichert, ist vielleicht doch nicht so schädlich, wie es zunächst aussieht.

Sind ein paar Pflanzengallen auf einer Pflanze schädlich? Oder Nahrungsvorrat für Vögel, die darin auch im Winter noch etwas zum Fressen finden?

Sind die ersten Blattläuse auf dem Holunderstrauch im Frühjahr Schädlinge? Oder Starthilfe für Marienkäfer, die damit nach der langen Winterpause das erste Futter finden und dort gleich ihre Eier ablegen?

DER MENSCH DEFINIERT, wer Schädling ist und wer Nützling. Jedes Insekt hat in der Natur seine Funktion, manche davon sind in unseren Augen schädlich, andere nützlich. Schädlich ist, was das natürliche Gleichgewicht nachhaltig stört, was überhandnimmt, was uns als Bedrohung erscheint. So wie manche Wildkräuter „Unkräuter" sind, weil sie sich unmäßig und am falschen Ort ausbreiten.

Eine Störung des natürlichen Gleichgewichts wird im Naturgarten nicht so schnell vorkommen. Im ausgeräumten Garten hingegen, in dem Nützlinge keine Überlebenschance haben, ist ein Ausgleich innerhalb der Tierwelt kaum möglich. Auch eine der Region und dem Klima nicht entsprechende Pflanze wird nicht recht gedeihen, sie ist krankheits- und schädlingsanfällig – und schon sind Schädlinge im Garten.

DIE MENGE MACHT'S Mit einer vielfältigen heimischen Bepflanzung und einer vielfältigen Tierwelt spielt die Frage: „Wer ist Schädling, wer nicht?", nur eine untergeordnete Rolle, solange uns ein Schaden nicht wirklich unangenehm auffällt. Meist geht es um die Menge an Schädlingen und ob das Ökosystem innerhalb des Gartens funktioniert und selbst ausgleichen kann. Der Schaden oder Verlust von ein paar Blättern oder Früchten ist nicht sehr bedeutend – wenn man hier überhaupt von „Verlust" sprechen kann. Was für uns Verlust ist, bedeutet für die Tiere Nahrung und Überleben. Und wenn wir schon davon ausgehen, dass alles in der Natur für uns gedacht ist: Das schädliche Insekt mag wieder Nahrung für den nächsten in der Nahrungskette sein, den Vogel, an dem wir uns erfreuen – so haben wir wieder einen „Gewinn".

Die harmlose Blindschleiche ist ein eifriger Insektenvertilger (Foto: Klaus Vornberger/ Wikimedia Commons)

(Foto: Monika Biermaier)

Prinzip Nützlingshotel

Die Tiere sollten die Ruhe- und Nistmöglichkeiten sowie Futter im Garten möglichst selbst vorfinden. Nur dann ist ihr langfristiges Überleben gesichert.

Wenn es jedoch an möglichen Rückzugsplätzen mangelt und für ausreichende Futterquellen gesorgt ist, hilft ein Nützlingshotel, Tiere in den Garten zu bringen und dort zu halten. Mit der Aufbereitung von verschiedenen „Minilebensräumen" werden sie angelockt. Als Zusatzservice finden die Nützlinge möglichst alle Materialien vorbereitet, die sie zum Nestbau brauchen. Oft genug wird ihnen durch den Ordnungssinn des Menschen Lebensraum genommen. Mit den Nützlingsbauten werden sie in ihrer Lebensweise unterstützt.

Naturbelassene Materialien

Für Nützlingsquartiere sollten möglichst nur natürliche Materialien verwendet werden, die wieder in den Kreislauf der Natur eingehen und verrotten. Eine chemische Behandlung von Holz ist kontraproduktiv, weil die Tiere dadurch belastet werden. Im Sinne eines Naturgartens kommt der Einsatz von Giften sowieso nicht infrage. Das Ziel lautet, Insekten & Co in den Garten zu holen und ihnen Lebensräume zu schaffen, damit sie bleiben und sich vermehren können. Sie ersparen uns den Einsatz von Gift, wenn sie als Nützlinge und Schädlinge die Natur im Gleichgewicht halten.

Der Natur entnehmen und wieder zurückgeben – für die Herstellung eines Nützlingsquartiers sind keine großartigen Anschaffungen notwendig. Für die meisten Hotels benötigt man nicht mehr als unbehandeltes Holz und ein paar Nägel oder Schrauben. Holzstücke, Äste, Zweige und Halme für das Innenleben finden sich im Garten. Mit der Zeit verwittern und verrotten die Naturmaterialien und können wieder dem Kompost zugeführt werden. In der Folge entstehen auch keine Entsorgungsprobleme. Dachpappe oder vorhandene Materialien und Gefäße, die wiederverwertet werden oder zweckdienlich sind, sind selbstverständlich erlaubt.

„Sauberer" Garten?

Wenn der Mensch zuerst alles im Garten geplant und zugeordnet hat und später alles gesaugt, gereinigt und aufgeräumt, dann hat nicht nur kein wildes Kraut mehr eine Chance, es wird auch kaum noch Tiere geben, die die natürliche Aufräumarbeit erledigen. Hier kann auch die Natur nicht mehr helfen. Wer soll dem lästigen Fressschädling dann im Fall des Falles noch Einhalt gebieten?
Kein Ausgleich in Sicht, höchstens noch aus Nachbars Naturgarten.

Hotels für Insekten

Ein Insektenhotel ist wie ein Fenster mit Ausblick in die kleine, aufregende Welt unseres eigenen Gartens. Wir können hautnah verfolgen, was da an Insekten unterwegs ist und was sie zum Überleben brauchen. Je besser das Hotel ausgestattet ist, desto mehr Gäste werden angelockt. Gibt es dann auch noch eine reiche Auswahl an Blumen, Wildkräutern und Sträuchern in der Nähe des Hotels, ist die Verpflegung mit Pollen und Nektar gesichert und das Hotel wird voll belegt sein.

(Foto: Liese Jilka)

Platz für viele Gäste

(Foto: Lise Jilka)

Die große Hotelanlage lädt viele verschiedene Insekten ein. Jedes kann sich einen geeigneten Platz zum Schlafen, zur Brutvorsorge und zum Überwintern aussuchen. Meist sind die Zimmer nach kurzer Zeit bezogen – der Bedarf an Wohnraum ist groß. Was erfreulich ist, denn es zeigt, dass genügend Insekten darauf warten und sofort zur Stelle sind, sobald es einen neuen Platz zu erobern gibt.

Jeder noch so kleine Hohlraum wird von ihnen genutzt, ob Stängel, Mauerritze oder eine Lücke im Holz. Er wird rasch als Nistkammer eingerichtet und mit selbst gemachtem Baumaterial aus Pflanzenresten verschlossen. Der Verschluss hält den ganzen Winter über, bis sich im nächsten Jahr dahinter neues Leben regt.

Das Hotel

Das Hotel kann als Regal unter einem Dachvorsprung oder wie ein kleines Haus mit Spitzdach oder Flachdach gestaltet werden. Es kann beim Bau einer Mauer oder eines Zaunes gleich integriert oder in die Scheibe eines hohlen Baumstamms eingebaut werden.

Die zahlreichen Unterkünfte darin werden mit verschiedenen Holzstücken mit Bohrlöchern, mit Reisig, Schilf und Strohhalmen, Pflanzenstängeln und hohlen Zweigen von Brombeere oder Holunder hergestellt. Alte Ziegel, Ton, Lehm und Heu füllen weitere Kammern. All diese Materialien lassen sich leicht sammeln und ein paar alte Bretter bilden den Rahmen. Im Sinne der Nachhaltigkeit – Vorhandenes wiederverwenden, Altes einem neuen Zweck zuführen – werden Ressourcen gespart und Abfall vermieden. Der Bau eines Nützlingshotels ist eine gute Gelegenheit, Vorhandenes wiederzuverwenden und Altes einem neuen Zweck zuzuführen.

Die Bewohner

In die diversen Röhren und Gänge ziehen vor allem Wildbienen, Hummeln und einige Wespenarten ein. Auch Marienkäfer, Florfliegen, Ohrwürmer und Schmetterlinge finden darin geeignete Verstecke. Für sie kann man aber auch eigene Hotels bauen (siehe Seite 23–31).

TIPP 🐝 **Idealerweise sollten die „Hotelbauarbeiten" bis Anfang März fertiggestellt sein, dann wollen die ersten Gäste einziehen.**

Die Hotelzimmer werden von den Nützlingen mehrmals hintereinander bezogen. Eine „Zimmerreinigung" ist nicht notwendig – die Insekten misten die alten Nistkammern selbst aus und befüllen sie neu. Erst wenn das Material verwittert ist, muss es ersetzt werden.

(Foto: Jürgen Howaldt/ Wikimedia Commons)

Hotel für Wildbienen & Co

Bienen – da denken wir vor allem an die Honigbiene. Sie ist uns nicht nur wegen des Honigs, den wir von ihr erhalten, ein Begriff, sondern auch wegen der hoch organisierten Lebensform in großen Bienenvölkern. In der freien Natur gibt es noch viel mehr Bienenarten, die als Einzelgänger leben und ihre Nistkammern in Brombeerranken, in Fraßgängen von Käfern in Totholz oder im Erdboden anlegen. Solange man sich nicht mit ihnen beschäftigt, fallen ihr Artenreichtum und ihre wichtige Rolle im Ökosystem gar nicht auf. Allein in Deutschland und Österreich gibt es über 500 Arten. Mit einer Größe von 1,3 mm bis 3 cm sind viele der Wildbienen im Aussehen einander sehr ähnlich. Sie haben jedoch sehr unterschiedliche Anforderungen an Nahrungsangebot und Nistmöglichkeit.

TIPP 🐝 **Wussten Sie, dass auch die Hummeln zu den Wildbienen gezählt werden?**

Fleißige Bestäuber

Die kleinen Bienen leisten große Arbeit, wenn es um den Austausch von Pollen und die Bestäubung der Pflanzen geht. 80 % der Blühpflanzen sind auf Insektenbestäubung angewiesen. Die fleißigen Bienen übernehmen den größten Teil davon. Honigbiene, Wildbiene und Hummel sind die wichtigsten Bestäuber von Wild- und Kultur-

pflanzen, denn sie sammeln Pollen für die Vorratskammern ihrer Nachkommen. Für jedes Ei, das sie in eine Kammer legen, ist ein entsprechender Vorrat notwendig. Dafür müssen sie viele Blüten besuchen und verbreiten so den Pollen. Sie fliegen im Schnitt etwa eine Stunde von Blüte zu Blüte und besuchen dabei Hunderte von Blütenkelchen, bis sie mit voll gefüllten Pollentaschen zu ihrem Nest zurückkehren.

Wildbienen und Hummeln sind schon ab März unterwegs. Sie besuchen die Blüten auch bei kühleren Temperaturen und bei bewölktem Himmel, noch bevor die Honigbiene im Einsatz ist. Diese braucht es etwas wärmer und wird erst ab 15 °C richtig aktiv. Dann haben die Wildbienen in der Natur und im Erwerbsobstbau bereits viele Tausend Blüten bestäubt.

Über und über mit Pollen bedeckt, ist diese Hummel auf dem Weg zur nächsten Blüte.
(Foto: Audrey/ Wikimedia Commons)

Nektarsammler

Auch Wespen, Fliegen, Käfer und Schmetterlinge tragen zur Verbreitung von Pollen bei, jedoch lange nicht in dem Ausmaß wie die Bienen. Sie sind vor allem am Nektar interessiert, wenn sie von Blüte zu Blüte fliegen, und nehmen dabei den Pollen, der an ihrem Körper haften bleibt, eher durch Zufall mit.

SPEZIALISTEN ❧ Manche Bienen sind auf die Blüten einer bestimmten Pflanze spezialisiert – was sowohl für die Pflanze als auch die Biene Vor- und Nachteile hat. Für die Pflanze ist es ein Vorteil, wenn die Biene nur zu Blüten ihrer Art fliegt und somit für eine sehr effiziente Bestäubung sorgt. Die Biene hat den Vorteil, sich auf eine Blütenart einstellen zu können und immer auf die gleiche Art an Pollen und Nektar heranzukommen. Solche Spezialisten haben sich meist besonders einander angepasst. Die Bienen haben jeweils spezielle Rüsselwerkzeuge entwickelt, um den Nektar in bestimmten Blütenröhren zu erreichen. Dafür haben sie den Nektar für sich allein, weil die anderen Insekten nicht das nötige „Spezialwerkzeug" haben und nicht dazu gelangen kön-

Bunt gemischte Blumenwiesen sind ein Eldorado für die Generalisten unter der Wildbienen.
(Foto: Thomas Andri/fotolia.com)

nen. Der Nachteil dieser Symbiose ist, dass bei einem Ausfall des einen auch die Population des anderen gefährdet ist. Fällt die Pflanze aus, fällt auch das gesamte Nahrungsangebot für die Biene aus. Stirbt das Insekt aus, sind Bestäubung und Fortpflanzung für die Pflanze nicht mehr möglich.

GENERALISTEN ❧ Eine andere Strategie ist das Sammeln von Pollen und Nektar von mehreren Blütenarten. Die Insekten sind nicht so abhängig von einer Wirtspflanze, dafür müssen sie sich auf verschieden gebaute Blüten einstellen. Dies verlangt mehr Zeit beim Sammeln und bedeutet mehr Konkurrenz, weil der Nektar auch für andere Insekten erreichbar ist. Für die Pflanzen bedeutet dies den Besuch von vielen Insekten, allerdings wird der Pollen auf viele Pflanzen verteilt und nicht nur innerhalb der eigenen Art.

Solitär oder sozial

Im Gegensatz zu Honigbienen lebt die überwiegende Mehrzahl der Wildbienen als Einzelgänger. Einige wenige nutzen aber auch die Vorteile einer Gruppe.

SOLITÄR LEBENDE WILDBIENEN ❧ Jedes Bienenweibchen führt den Nestbau und die Brutpflege allein aus. Es baut seine eigene Brutkammer und legt darin einen Nahrungsvorrat aus Pollen und Nektar an. Nachdem die Biene ein Ei hineingelegt hat, verschließt sie die Brutkammer. Das Ei entwickelt sich zur Larve, die sich von dem Vorrat ernährt. Bei den meisten Arten schlüpfen die fertigen Bienen noch im selben Jahr und ihre Lebensdauer beträgt nur vier bis sechs Wochen, außer die jungen Bienen erscheinen erst spät im Jahr und überwintern. In der kurzen Zeit ihres erwachsenen Lebens sorgen die Bienen für Nachkommenschaft mit Nestbau, Vorratsbeschaffung und Eiablage. Sie bauen eine Brutzelle nach der anderen und produzieren im Schnitt 20–40 Nachkommen. Räuber, Parasiten, Nässe und Schimmel verringern diese Zahl um mindestens die Hälfte.

Die Blattschneiderbiene gehört zu den solitär lebenden Wildbienen und verschließt ihr Nest mit frischen Blattstücken.
(Foto: Bernhard Plank/Wikimedia Commons)

GRUPPENBILDENDE WILDBIENEN ❧

Manche Bienen leben in Gruppen zusammen, weil sie alle denselben günstigen Nistplatz nutzen, oder auch in einem gemeinsamen Bau, in dem jedes Weibchen einzeln für seine Nachkommen sorgt. Andere führen die Brutpflege zum Teil gemeinsam durch oder nutzen die Gemeinschaft zur besseren Verteidigung ihrer Nestanlagen.

STAATENBILDENDE WILDBIENEN ❧

Streng organisierte Staaten, wie wir sie bei der Honigbiene kennen, gibt es nur bei wenigen Arten der Wildbienen: bei Hummeln und bei Furchenbienen. In einem Volk leben eine oder mehrere Königinnen, die für die Fortpflanzung verantwortlich sind und Eier legen, während unfruchtbare Weibchen alle anderen Arbeiten erledigen. Die Männchen oder Drohnen haben die Aufgabe, die Weibchen oder die Königin zu begatten, anschließend sterben sie. Im Unterschied zu den Honigbienen, wo ein Bienenvolk über mehrere Jahre lebt, besteht der Staat der Wildbienen nur während einer Vegetationszeit. Im Spätsommer oder Herbst sterben alle Tiere bis auf die jungen befruchteten Königinnen. Diese überwintern an einem versteckten Platz und gründen im Frühjahr ein neues Volk. Sie suchen zuerst einen geeigneten Nistplatz und beginnen mit dem Nestbau. Aus den ersten Eiern schlüpfen Arbeiterinnen, die den weiteren Nestbau übernehmen.

SCHMAROTZENDE WILDBIENEN ❧

Letztendlich gibt es eine ganze Reihe sogenannter Kuckucksbienen, die ihre Eier und damit deren Aufzucht anderen Solitärbienen unterschieben. Sie selbst bauen keine Nester und sammeln auch keinen Pollenvorrat für ihre Nachkommen.

Wildbienennester

Wichtig für alle Nester der Wildbienen ist Sonne beziehungsweise Wärme, Trockenheit, Belüftung und Abtrocknung nach Regen. Sonst kommt es leicht zu Schimmelbildungen. Für ihren Nestbau verarbeiten sie modriges Holz, Mark aus Pflanzenstängeln, Moos, feine Wurzeln, Blätter- und Blütenteile, Pflanzen- und Tierhaare, Harz, Sand und Lehm. Die Bienen produzieren daraus zusammen mit körpereigenen Stoffen eine Art Mörtel.

Ein Weibchen der solitär lebenden Hosenbienen beim Nestbau im sandigen Boden.
(Foto: Christian Fischer/Wikimedia Commons)

OBERIRDISCHE NESTER ❧ werden in Spalten und Fugen in Mauern, in verlassenen Käfergängen in Holz oder in hohlen Stängeln angelegt, sogar in Gallwespenblasen und leeren Schneckenhäusern. Die Kammern werden sorgfältig mit Sand, Lehm, Pflanzenfasern und Blattteilen verschlossen. Das Baumaterial wird zerkaut und mit Speichel vermischt.

BODENNESTER ❧ Die Arten, die im Boden nisten, suchen offene trockene Stellen, wo sie ihre Nistplätze unter Steinen und in kleinen Fugen finden, verlassene Gänge von anderen Tieren nutzen und auch selbst Nistgänge graben. Gerade die kleinen Randflächen entlang von Wegen oder Böschungen, die nicht übermäßig gestaltet und gepflegt werden, haben für sie große Bedeutung.

Zwei Rote Mauerbienen bei der Paarung
(Foto: André Karvath / Wikimedia Commons)

Häufige Wildbienenarten

MASKEN- UND BLATTSCHNEIDER-BIENEN ❧ Maskenbienen legen in Käfergängen von altem Holz oder in dürren Brombeer- und Himbeerzweigen Brutkammern an. Blattschneiderbienen bauen unter der Rinde von Totholz, im morschen Holz, auch in Holzfassaden und Trockensteinmauern ihre Nistplätze.

Maskenbienen sind schwarz und tragen eine weiße oder gelbe maskenartige Zeichnung auf dem Kopf.
(Foto: pjt56 / Wikimedia Commons)

DIE MAUERBIENE ❧ ist eine der häufigsten Wildbienen und wird gern mit der Honigbiene verwechselt. Sie nistet solitär in verlassenen Gängen in Holz sowie in Hohlräumen und Ritzen im Verputz und nimmt Nisthilfen gerne an. Zum Bau ihrer Brutkammern vermischt sie Lehm mit Speichel. Die Mauerbiene ist ein wertvoller Nützling für die Obstbaumbestäubung, da sie im Frühjahr schon ab einer Temperatur von 10 °C unterwegs zu den ersten Blüten ist.

DIE HOLZBIENE ❧ ist besonders groß (20–28 mm) und dunkel mit bläulich glänzenden Flügeln. Holzbienen überwintern als Fluginsekten und paaren sich im nächsten Frühjahr. Sie sind in eher wärmeren Gegenden und an sonnigen Plätzen anzutreffen. Holzbienen nagen ihre Gänge selbst in das morsche Holz, wobei sie bevorzugt rote Stellen anfliegen. Die vertikalen Gänge sind bis zu 30 cm lang, darin legt das Weibchen nacheinander seine Brutzellen an. Die Trennwände dazwischen stellt es aus Holzspänen vermischt mit Speichel her. Wenn die jungen Holzbienen fertig entwickelt sind, kriechen sie hintereinander aus der Röhre, wobei die letzten warten müssen, bis die vorderen so weit sind.

Holzbienen bestechen durch ihre bläulich glänzenden Flügel. (Foto: M. R. Swadzba/fotolia.com)

haben einen Stachel mit einem Widerhaken: Damit gelangt am meisten Gift in den Körper, der Stich führt jedoch zum Tod der Biene.

FRIEDLICHE EINSIEDLERBIENEN haben wenig Chancen gegen einen Feind, wenn ihr Nest angegriffen wird. Daher versuchen sie erst gar nicht zu kämpfen. Ist ihr Nest zerstört, fangen sie an einer anderen Stelle mit einem neuen Nestbau an. Denn jede Biene hat die Rolle der Königin: Wenn sie im Kampf stirbt, kann sie keine Nachkommen mehr produzieren.

STAATENBILDENDE HUMMELN gelten ebenfalls als sehr friedliebend, da sie in ihren Erdbauten nicht so leicht angegriffen werden können. Eine Ausnahme sind Baumhummeln. Sie reagieren nervös, wenn man in ihre Nähe kommt, ihre Nester in Baumhöhlen sind anscheinend gefährdeter, und sie haben gelernt, sich gegen Räuber zu verteidigen.

Friedliebend oder aggressiv?

Bei den Stechimmen können nur die Weibchen stechen. Ihr Stachel befindet sich am Ende des Hinterleibs und ist mit einer Giftdrüse verbunden. Mit dem Stich gelangt das Gift in den Körper des Beutetieres oder Feindes. Der Giftstachel dient in erster Linie dazu, Beutetiere zu lähmen, wie dies beispielsweise bei den Weg- und Grabwespen der Fall ist (siehe Seite 18). Erst in zweiter Linie wird er zur Verteidigung eingesetzt. Nur Honigbienen

Lebensräume für Wildbienen

Feld- und Wiesenränder, Magerrasen, Brachen, Sand- und Kiesgruben, trockene und brachliegende Flächen, Böschungen und Waldböden, Streuobstwiesen
Wichtige Futterquellen sind: Weide, Hasel, Schlehe, Berberitze, Steinmispel, Löwenzahn, Klee, Schafgarbe, Glockenblume, Flockenblume, Storchschnabel, Salbei, Thymian, Melisse, Minze, Lavendel

Verwandtschaften

Neben den uns geläufigen Honigbienen gibt es eine sehr artenreiche Familie von Wildbienen, zu denen auch die Hummeln zählen. Bienen und Hummeln haben – ebenso wie Wespen und Hornissen – eine Wespentaille. In der Systematik des Tierreichs werden sie daher, ebenso wie die Ameisen (!), den Taillenwespen zugeordnet. Die Wespentaille entsteht dadurch, dass Brustteil und Hinterleib nur mit einem sehr schmalen Glied miteinander verbunden sind.
Bei einem Teil der Wespenarten, den Bienen und den Ameisen hat sich der Legebohrer, der zur Eiablage dient, zu einem Giftstachel entwickelt. Sie werden daher als Stechimmen bezeichnet, zum Unterschied von reinen Legimmen wie z. B. den Schlupf- und Gallwespen.

Honigbienen und Echte Wespen

 leben in großen Staaten. Das konzentrierte Nahrungsangebot eines großen Nestes ist für den Feind verlockender als die einzelnen Legeröhren der solitär lebenden Arten. Wenn sie sich angegriffen fühlen, kämpfen daher alle Arbeiterinnen um den Erhalt ihres Stockes. Die Zerstörung des Nestes bedeutet einen großen Verlust an Nachkommen, der Tod der Königin die Vernichtung des ganzen Volkes.

Solitärwespen

Im Insektenhotel finden sich auch einige solitär lebende Wespenarten ein, die ihre Eier einzeln in den Pflanzenstängeln, in Holz oder in Lehm ablegen. Sie sind nützliche Insektenräuber.

Wegwespen Die schlanken und langbeinigen Insekten sind meist schwarz oder schwarzrot. An ihrem verdickten Hinterleib sitzt ein Giftstachel, mit dem sie ihre Beute lähmen können. Für Menschen ist der Stich ungefährlich. Wegwespen haben sich für ihre Brutvorsorge auf Spinnen spezialisiert. Sobald sie ein Opfer gefunden haben, lähmen sie es mit einem Stich ins Nervensystem, zerren es in ihre Bruthöhle und legen ein Ei darauf ab. Anschließend verschließen sie die Kammer. Die gelähmte Spinne kann sich nicht wehren, bleibt aber am Leben, bis die Larve schlüpft und sie auffrisst. So bleibt der Nahrungsvorrat für die Nachkommen frisch. Manche sind Brutschmarotzer und legen ihr Ei auf die erlegte Spinne einer anderen Wespe, die ihre Beute gerade ins Nest schaffen wollte. Erwachsene Wegwespen ernähren sich von Nektar.

Grabwespen gehören einer artenreichen, vielgestaltigen Familie an. Sie können schwarz-gelb bis rötlich gefärbt sein, viele Arten haben einen sehr langen, schmalen Hinterleib. Die Weibchen graben Gänge in den Boden und legen darin eine Nistkammer an, nutzen aber auch verlassene Käfergänge, Stängel und Mauerritzen für die Eiablage. Sie versorgen ihre Brut mit gelähmten Insekten. Dazu fangen sie Käferlarven und Heuschrecken, die oft viel größer sind als sie selbst. Die adulten Tiere leben von Blütennektar und Pollen.

Eine Wegwespe bringt eine gelähmte Spinne in ihr Nest. (Foto: Tony Wills / Wikimedia Commons)

Echte Wespe und Hornisse

Echte Wespen und Hornissen bauen ihre Nester oft in Baumhöhlen, auf Dachböden oder auch in Vogelnistkästen. Die ballonartigen beigefarbenen Papiernester werden aus zerkauten Holzfasern errichtet. Beide Arten bilden Staatengemeinschaften aus (Wespen bis zu 7 000, Hornissen bis zu 700 Tiere pro Volk) und sind daher in Nützlingshotels nicht anzutreffen.
Wespen fressen vor allem Pollen, Nektar, Pflanzensäfte, Obst und andere Insekten. Ihre Larven füttern sie mit toten oder erbeuteten Tieren, auch von den Tellern der Menschen.
Hornissen halten sich gern im Siedlungsbereich auf, interessieren sich aber nicht für Menschennahrung. Die nützlichen Insekten jagen vor allem Fliegen und Raupen.

Bauanleitung
für ein Insektenhotel

Material

- Sägeraues Fichten- oder Kiefernholz,
  2 cm stark:
  - 4 Bretter 75 × 25 cm
    für Seitenwände und Rückwand
  - 4 Bretter 50 × 25 cm
    für Boden und Zwischenwände
    1 Brett 20 × 25 cm
    für den Dachfirst
    2 Bretter 45 × 30 cm für das Dach
- Schrauben oder Nägel
- Dachpappe oder Schilfmatte für das
  Dach

Bauanleitung

- Seitenwände an das Bodenbrett
  schrauben oder nageln
- Firstbrett in der Mitte des obersten
  Zwischenbretts festschrauben
- Zwischenbretter einfügen und
  anschrauben
- 2 Bretter als Rückwand anschrauben
- Dachbretter anschrägen und
  befestigen, sodass sie auf dem Dach-
  first und den Seitenkanten aufliegen
- Dachpappe oder Schilf am Dach
  befestigen

Befüllung

- Markhaltige Zweige (z. B. Brombeere,
  Himbeere, Jasmin, Holunder): Zweig-
  stücke mit einem Knoten nach hinten
  einbauen, damit die Röhre hinten verschlossen ist. Vorn mit einem scharfen
  Messer abschneiden und mit Schleif-
  papier behandeln, damit das Einflugloch glatt ist.
- Hartholzstücke (z. B. Eiche, Buche,
  Obstbäume) mit vorgebohrten Nistkammern: Löcher mit einem Durchmesser von 2–10 mm, mit einer Bohr-

maschine leicht schräg nach oben bis
zum Anschlag bohren (5–10 cm tief).
Die Bohrlöcher müssen hinten ver-
schlossen bleiben.
- Schilf- und Strohhalme: Auf die
  richtige Länge bringen und bündeln.
- Hohlziegel: Zweige, Schilf- oder Stroh-
  halme in die Löcher stecken (sonst sind
  die Löcher zu groß) und teilweise mit
  Lehm verschmieren
- Tonstücke: Frei formen und mit Stiften
  verschieden große Löcher hineinbohren.
  Wenn Ton an vor Regen geschützten
  Stellen eingebaut wird, braucht er nicht
  gebrannt werden.
- Dicke Äste und Zweige, Altholz mit
  Fraßgängen, auch Holzscheite mit
  Rissen und Spalten einbauen
- Stroh, Heu: Als Unterschlupf in
  Zwischenräume stecken.

Lage

Das Insektenhotel kann an eine Wand
montiert, auf Ziegel und Steine gestellt
oder an Pfosten geschraubt im Freien
aufgestellt werden. Es sollte sonnig und
geschützt stehen und nach Süden/
Südosten ausgerichtet sein.

Hummelhotels

(Foto: Apricum/Wikimedia Commons)

Die Hummel ist eine sehr friedfertige Wildbiene. Aufgrund ihrer rundlichen Körperform und ihres Pelzes ist sie die kälteunempfindlichste unter den Bienen. Die Hummelköniginnen sind schon ab Februar auf den ersten Blüten zu sehen. Sie suchen eine geeignete Nisthöhle, wo sie mit dem Nestbau aus Wachs und Pflanzenteilen beginnen können. Die jungen Königinnen sind bereits im Herbst geschlüpft und haben nach der Begattung in einem Versteck überwintert, um nun ein neues Hummelvolk zu gründen.

Bedeutende Bestäuber

Klee, Lupinen, Wicken, Erbsen und Bohnen werden großteils von Hummeln bestäubt. An kalten Frühlingstagen trägt der Hummelflug einen wesentlichen Teil zur Bestäubung der Obstblüten bei. Hummeln haben daher wirtschaftliche Bedeutung für Futterpflanzen und Obstbäume und werden sogar in Glashäuser eingebracht.

Hummeln besuchen an einem Tag bis zu 1 000 Blüten. Je nach Spezialisierung sind ihre Rüssel unterschiedlich lang: Manche von ihnen sind an extrem schmale, lange Blütenkelche angepasst, die Bienen nicht beernten können, und haben deshalb besonders lange Rüssel und starke Mundwerkzeuge. Die Länge eines Hummelrüssels kann bis zu drei Viertel der Körperlänge betragen.

Erdhummeln gehören zu den größten Hummelarten und sind an ihrer weißen Hinterleibspitze leicht zu erkennen. (Foto: modul-a/fotolia.com)

Lebensräume für Hummeln

Asthaufen, Baumhöhlen, Gebüschsäume, Wiesen, Hohlräume zwischen Steinen
Wichtige Futterquellen sind: Weiden, Obstbäume, Beerensträucher, Heckenkirsche, Berberitze, Traubenhyazinthe, Taubnessel, Kriechender Günsel, Klee, Lupine, Fetthenne, Mauerpfeffer, Küchenkräuter

Häufige Hummelarten

Bekannte Hummelarten sind Erdhummel, Garten-, Wiesen-, Ackerhummel, Baum- und Steinhummel. Außerdem gibt es Kuckuckshummeln, die von der Brutvorsorge anderer Hummelarten profitieren und ihnen ihre Eier unterschieben.

ERDHUMMEL ⚲ Die Dunkle Erdhummel gehört zu den größten Hummelarten, sie wird ca. 26 mm groß. Ihr Körper ist schwarz mit zwei gelben Querstreifen und einer weißen Hinterleibspitze. Andere Arten sehen ihr sehr ähnlich. Im zeitigen Frühjahr legt die Hummelkönigin erste Brutkammern in Mäuselöchern oder unter Steinen an. Später erweitern die geschlüpften Arbeiterin-

Die Baumhummel lebt in Völkern mit bis zu 400 Tieren. (Foto: André Karwath/Wikimedia Commons)

Bauanleitung für ein unterirdisches Hummelhotel

Material
* 1 Blumentopf mit einem 1,5–2 cm großen Loch in der Mitte (evtl. mit einer Eisenfeile vergrößern)
* 1 Steinplatte passender Größe
* größere flache Steine oder Dachziegel
* Moos, Holzspäne oder trockenes Gras zum Befüllen

Bauanleitung
* Entsprechend großes Loch in der Erde graben, zuunterst auf guten Wasserabfluss achten.
* Als Boden eine Steinplatte auflegen, auch als Schutz vor Wühlmäusen.
* Topf zur Hälfte mit dem Füllmaterial anfüllen und umgedreht auf die Platte stellen.
* Bis zum Rand eingraben.
* Ein Dach aus Steinen oder Dachziegeln bilden, sodass die Hummeln noch zufliegen können und kein Wasser von oben eindringen kann.

Lage
Bei unterirdischen Hotels muss man sehr aufpassen, dass es zu keiner Staunässe kommt. Am besten legt man unterhalb des Topfes eine Dränage aus durchlässigem Material an. Im Gelände wird das Hotel eher oben am Hang eingegraben, damit das Wasser immer gut abrinnen kann.

nen das Nest bis in eineinhalb Meter Tiefe. Das Volk kann auf bis zu 500 Hummeln anwachsen. Für ihren Nestbau brauchen Erdhummeln offene oder nur wenig bewachsene, sonnige Stellen. Mit einem unterirdischen Hummelhotel kann man sie zusätzlich unterstützen. Der Aufwand dafür ist gering, der Nutzen der Insekten im Naturgarten hingegen groß.

BAUMHUMMEL 🐝 Die Baumhummel wird 8–18 mm groß, die Königin bis zu 20 mm. Sie hat meist einen orangebraunen Brustkorb, einen schwarzen Hinterleib und eine weiße Hinterleibspitze. Sie baut ihre kugelige Nestanlage in Baumhöhlen, in Felsspalten, auf Dachböden, in Schuppen und in Nistkästen. Ein Volk kann bis zu 400 Hummeln umfassen.

Bauanleitung für ein oberirdisches Hummelhotel

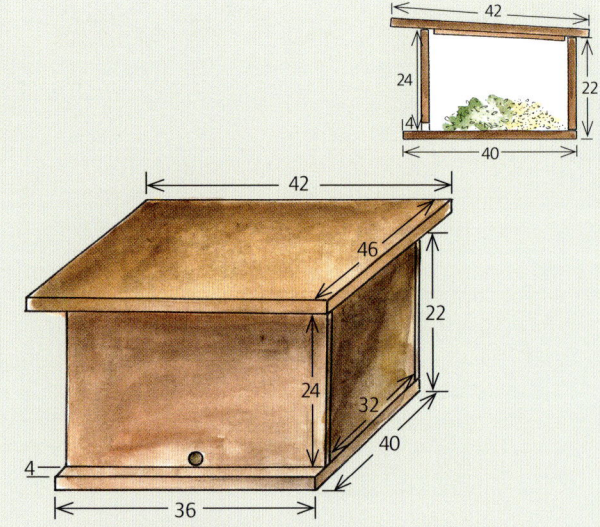

Material

- Sägeraues Fichten- oder Kiefernholz, 2 cm stark
  - 1 Brett 40 × 36 cm für den Boden
  - 1 Brett 42 × 46 cm für das Dach
  - 1 Brett 24 × 36 cm für die Vorderwand
  - 1 Brett 22 × 36 cm für die Hinterwand
  - 2 Bretter 32 × 22–24 cm (abgeschrägt) für die Seitenwände
- 2 Leisten ca. 2 × 1 cm und 30 cm lang
- Schrauben oder Nägel
- Dachpappe oder Schilfmatte
- Moos, Holzspäne oder Einstreu zum Befüllen

Bauanleitung

- Einflugloch mit einem Durchmesser von 1,5–2 cm in die Vorderwand bohren
- Seitenwände laut Skizze zuschneiden
- Wände an das Bodenbrett schrauben und miteinander verbinden
- Das Dach soll abnehmbar sein und darf nicht festgeschraubt werden, damit das Hotel jederzeit ausgeleert und neu befüllt werden kann. Damit es nicht verrutscht, werden zwei Leisten auf der Unterseite des Dachbretts jeweils parallel 5 cm vom Rand entfernt angeschraubt.

- Dachpappe oder Schilf am Dach befestigen
- Füllmaterial einbringen

TIPP 🐝 **Das Hummelhotel im Winter reinigen und bis Anfang Februar neu befüllen.**

Lage

Die oberirdischen Nistkästen sind für Baumhummeln, aber auch für Acker-, Garten- und Steinhummeln geeignet. Sie können leichter gewartet werden als unterirdische Hotels.
Das Hummelhotel wird mit dem Einflugloch Richtung Osten an einem sonnigen, möglichst trockenen Ort aufgestellt.

Florfliegenkasten

Die elfenartigen Florfliegen mit ihren durchscheinenden, geäderten Netzflügeln spielen als Nützlinge im Garten eine bedeutende Rolle. Sie sind fast weltweit verbreitet. Die häufigste Art bei uns ist die Grüne Florfliege mit einer Flügelspannweite von 15–30 mm. Ihr langer schlanker Körper hat sich an die Vegetation angepasst und ist im Sommer hellgrün, im Winter braun. In Ruhestellung legt sie ihre Flügel dachartig an den Hinterleib. Ihrer großen, schillernden Facettenaugen wegen wird die Florfliege auch Goldauge genannt.

Florfliegen sind dämmerungsaktiv und verstecken sich am Tag unter Blättern. Die zarten Nützlinge ernähren sich von Pollen und Nektar und vom Honigtau der Blattläuse, sind aber auch räuberisch unterwegs. Zum Überwintern suchen sie trockenes Laub oder hohle Baumstämme auf. Sie verkriechen sich auf dem Dachboden, in Schuppen und in Gartenhäusern.

TIPP 🐛 **Aufgrund ihrer gefräßigen Larven, der „Blattlauslöwen", können Florfliegen zur biologischen Schädlingsbekämpfung eingesetzt werden.**

Kampf den Blattläusen

Erwachsene Florfliegen verständigen sich vor der Paarung mit einem „Werbegesang". Durch rhythmisches Bewegen des Hinterleibs bringen sie Untergrund (meist ein Blatt) zum Schwingen.

Florfliegen legen in ihrem Leben bis zu 800 Eier an 5 mm langen Stielen einzeln, in Reihen oder Büscheln auf der Unterseite von Blättern oder an Stängeln ab, bevorzugt in der Nähe von Blattlauskolonien.

Florfliegenlarven fressen im Larvenstadium Hunderte von Blattläusen.
(Foto: Alvesgaspar/Wikimedia Commons)

Lebensräume für Florfliegen

Laubschicht, alte Bäume, Schuppen
Wichtige Futterquellen sind: Blüten, Blattläuse, Spinnmilben und andere kleine Insekten

GEFRÄSSIGE LARVEN ⟡ Nach drei bis zehn Tagen schlüpfen die Larven. Diese sind gelb-grau, 7–8 mm groß und haben drei Paar Brustfüße. Ihr Mundwerkzeug ist zu Saugzangen umgebildet, mit denen sie ihre Beute festhalten und aussaugen. Die Larven oder „Blattlauslöwen" verzehren in drei Wochen Larvenstadium Hunderte von Blattläusen oder Tausende Larven von Spinnmilben. Während des Sommers verpuppen sich die Larven in einem kugelrunden Kokon aus Spinnfäden. Die ausgereiften Puppen beißen von innen einen Deckel vom Kokon ab und kriechen heraus, dann erst schlüpfen sie. Unter günstigen Bedingungen produzieren Florfliegen mehrere Generationen pro Jahr.

Schwebfliegen

Auch Schwebfliegen sind im Garten gern gesehen, unter anderem als Bestäuber von Obstbäumen. Die Larven (2–20 mm groß) fressen, in zwei Wochen Entwicklungszeit 400–700 Blattläuse. Einige Schwebfliegen täuschen eine wespenartige schwarzgelbe Musterung vor, sind aber harmlose Nützlinge. Sie werden angelockt von Ringelblumen und anderen Korbblütlern sowie von Doldenblüten wie Dill, Kümmel und Fenchel.

Bauanleitung für einen Florfliegenkasten

Material

✽ Sägeraues Fichten- oder Kiefernholz, 2 cm stark
  ✽ 1 Brett 30 × 35 cm für das Dach
  ✽ 1 Brett 27 × 29 cm für die Rückwand
  ✽ 2 Bretter 25 × 25–27 cm (abgeschrägt) für die Seitenwände
✽ 11 Leisten ca. 4 × 1 cm, 25 cm lang
✽ Schrauben oder Nägel
✽ Drahtgeflecht (Hasengitter), ca. 25 × 50 cm
✽ Winkel oder Leiste zur Montage an der Wand
✽ Stroh zum Befüllen

Bauanleitung

✽ Seitenwände laut Skizze zuschneiden und an die Rückwand schrauben oder nageln.
✽ Leisten in regelmäßigen Abständen zwischen den Seitenwänden annageln (siehe Zeichnung) und rot streichen (Florfliegen „fliegen" auf Rot)

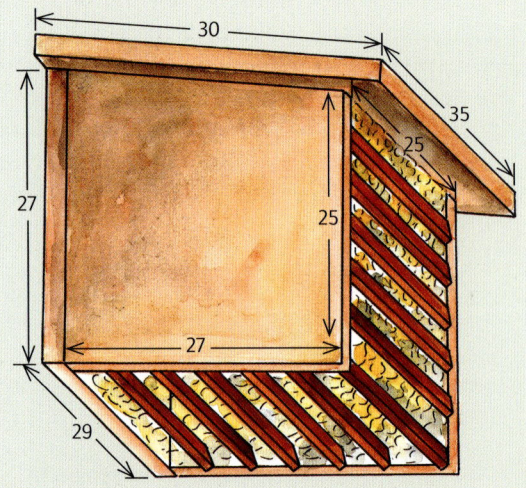

✽ Vorder- und Unterseite mit dem Drahtgeflecht auslegen und Stroh einfüllen (Florfliegen mögen es warm und nicht zu zugig)
✽ Dach anschrauben

Lage
Das Florfliegenhotel wird in 1,5–2 m Höhe an eine Mauer oder einen Pfosten gehängt. Florfliegen verbringen den Winter darin, es muss nicht gereinigt werden.

Ohrwurmversteck

Ohrwürmer gehören zu den Fluginsekten und haben außer ihrem länglichen Körper mit Würmern wenig gemeinsam. Sie haben drei Beinpaare, sind dunkelbraun und 10–20 mm lang. Ihre häutigen Flügel unter den kurzen Flügeldecken sind kompliziert gefaltet. Mit den beeindruckenden Zangenwerkzeugen an ihrer Hinterleibspitze packen sie ihre Beute. Ohrwürmer sind weltweit vertreten und lieben eher warme Orte. Zwischen November und März legt das Ohrwurmweibchen ungefähr 50 Eier in Höhlen oder unter loser Rinde ab. Ohrwürmer produzieren eine Generation pro Jahr und überwintern in hohlen Pflanzenstängeln oder unter der Rinde.

NACHTAKTIVE ALLESFRESSER ❧ Die Insekten kommen in der Dämmerung aus ihren Verstecken, sie sind Allesfresser und ernähren sich von tierischem und pflanzlichem Material. Ohrwürmer halten sich gerne in Menschennähe auf, weil sie dort viel Fressbares finden, und räumen mit organischem Abfall auf.

Lebensräume für Ohrwürmer

Baumrinden, Holzstapel, Laub, Steine
Wichtige Futterquellen sind: Raupen, Läuse, Spinnmilben, Fallobst, Blüten

Bauanleitung für ein Ohrwurmversteck

Material
- ✖ 1 oder mehrere Tontöpfe
- ✖ Schnur
- ✖ Kleine Holzstücke oder Zweige
- ✖ Stroh zum Befüllen

Bauanleitung
- ✖ Schnur durch das Loch im Boden des Topfes ziehen und Holzstück innen daran befestigen.
  Das Holzstück verklemmt sich im umgedrehten Topf und hält zugleich das Stroh fest.
- ✖ Mit Stroh füllen und Topf oder Töpfe umgedreht an der Schnur aufhängen.

Lage
Die Töpfe sollen immer in Berührung mit einer Wand oder einem Ast sein, damit die Ohrwürmer „einsteigen" können.
Der Ohrwurmturm passt gut in Beete jeder Art.

Marienkäfer-quartier

Die kleinen Käfer mit ihrer halbkugelig ovalen Körperform und den charakteristischen Punkten sind weltweit verbreitet und werden 1,3–9 mm groß.

Viele Farben

Ihre Körperfarbe kann von Hellbeige über Gelb, Orange, alle Brauntöne, Rosa, Rot bis zu Schwarz variieren. Die häufigsten Vertreter der Marienkäfer haben rote, gelbe, schwarze oder braune Flügel. Kopf, Bauch und Beine sind meist schwarz, seltener braun oder rot.

Die in Österreich und Deutschland bekannteste Art, der Siebenpunkt-Marienkäfer, hat leuchtend rote Deckflügel mit sieben symmetrisch angeordneten schwarzen Punkten. Die rote Farbe kommt unter anderem von dem Farbstoff Lycopin, der auch die Tomaten rot färbt.

TIPP 🐞 **Scheinbar „tote" Marienkäfer leben meist noch: Bei Gefahr stellen sie sich tot und ziehen ihre Beine in kleine Vertiefungen an der Körperunterseite ein.**

STOPP DEN FRESSFEINDEN? 🐞 Die kräftigen Farben sollen Fressfeinde warnen, dass die Käfer ungenießbar sind. Sie schmecken nämlich bitter und können bei Gefahr eine giftige und unangenehm riechende Flüssigkeit absondern. Trotzdem haben sie eine ganze Reihe an natürlichen Feinden: Laufkäfer, Raubwanzen, Vögel, Eidechsen, Spitzmäuse, Frösche und die Marienkäfer-Brackwespe, deren Larven als Parasiten in den Käfern leben und sie schließlich töten.

Punkt für Punkt

Das Charakteristische an den Marienkäfern sind die symmetrisch angeordneten Punkte auf ihren Flügeln, deren Zahl stark variieren kann. Sie sind meist schwarz, es gibt aber auch Käfer, die weiße, rote oder braune Punkte tragen. Je nach Art werden 2–24 Punkte ausgebildet, die

Der gelbe Zweiundzwanzigpunkt-Marienkäfer trägt, wie der Name sagt, 22 symmetrische Punkte.

häufig auch den Namen der Art bestimmen (z. B. Vierzehnpunkt-Marienkäfer). Innerhalb einzelner Arten können die Punkte auch variieren. Entweder haben die Käfer keine, oder die Punkte verschmelzen miteinander, sodass fast der ganze Körper schwarz ist. Die Anzahl der Punkte gibt entgegen einem weitverbreiteten Irrtum nicht das Alter des Käfers an, vielmehr ist die Zahl der Punkte charakteristisch für jede Art und ändert sich während des Lebens des Käfers nicht.

Fleißige Blattlausvernichter

Marienkäfer sind sehr fleißige Blattlausvertilger und haben außerdem Schildläuse, Milben, Wanzen und Larven auf ihrem Speiseplan. Ein Marienkäfer frisst bis zu 50 Blattläuse pro Tag (eine Marienkäferlarve während ihrer Entwicklung bis zu 3 000 Stück) und mehrere Tausend während seines ganzen Lebens!

Es ist wichtig, dass die Marienkäfer im Frühjahr genügend Blattläuse vorfinden. Dann können sie sich satt fressen und ihre Eier gleich in der Nähe der Futterquelle ablegen. Wenn die Larven schlüpfen, brauchen sie für ihre Entwicklung eine große Menge an Blattläusen. Werden diese im Garten immer gleich entfernt, müssen die Larven verhungern. Bei einem stärkeren Blatt-

lausbefall auf Zier- oder Nutzpflanzen fehlen dann später die Nützlinge, um die Schädlinge im Zaum zu halten.

Lebenszyklus

Die hellgelben Eier der Marienkäfer sind sehr klein (0,5–2 mm). Die Weibchen legen sie Ende April bis Anfang Mai meist an der Unterseite von Blättern ab. Nach fünf bis acht Tagen schlüpfen die Larven.

> **TIPP** 🐌 **Lassen Sie Blattläuse leben: Sie sichern den Larven damit ihre Futterquelle – die Käfer halten später Ihre Zierpflanzen blattlausfrei.**

Marienkäferlarven vertilgen während ihrer Entwicklung bis zu 3000 Blattläuse.
(Foto: Martin Eberle/Wikimedia Commons)

Die Larve des Zweiundzwanzigpunkt-Marienkäfers ist wie der Käfer gelb mit schwarzen Punkten
(Foto: Olaf Leillinger/Wikimedia Commons)

Charakteristische Larven ❧ Die Jugendform der Marienkäfer sollte uns genauso vertraut sein wie die erwachsene Form. Die länglichen Larven sind 1,5–8 mm groß, meist dunkel, haben drei Beinpaare, gelbe bis rote Flecken und Borsten an den Seiten. Oft lässt sich von ihrer Färbung auf den ausgewachsenen Käfer schließen. In 30–60 Tagen machen sie drei bis vier Häutungen durch und verpuppen sich. Dazu rollen sie sich kugelförmig ein und kleben so an Pflanzen und Stängeln. Bei Berührung bewegen sie sich ruckartig. Nach weiteren sechs bis neun Tagen schlüpft der fertige Käfer.

Zwei Generationen ❧ Die Entwicklungsdauer ist abhängig von Temperatur und Luftfeuchtigkeit. In Mitteleuropa vermehren sich die Marienkäfer zweimal pro Jahr, die zweite Generation schlüpft von Juli bis August.

Überwinterung ❧ Die Käfer überwintern meist in Bodennähe in kleinen Gruppen unter Steinen, Rinde oder Laub, in Moos oder im Gras. Sie suchen auch in Doppelfenstern Schutz. Wenn es jedoch im Winter zu warm wird, wachen sie auf. Da sie dabei Energie verbrauchen und kein Futter finden, verhungern sie.

Bauanleitung für ein Marienkäferquartier

Material

- Sägeraues Fichten- oder Kiefernholz, 2 cm stark
  - 1 Brett 23 × 10 cm für den Boden
  - 2 Bretter 10 × 22 cm für die Seitenwände
  - 1 Brett 23 × 32 cm für die Rückwand
  - 2 Bretter 23 × 20 cm und 23 × 12 cm für die Vorderwand
  - 2 Bretter 18 × 18 cm für das Dach
- Schrauben oder Nägel
- Scharniere und Haken für die Klappe
- Dachpappe oder Schilfmatte für das Dach
- Winkel oder Leiste zur Montage an der Wand
- Stroh zum Befüllen

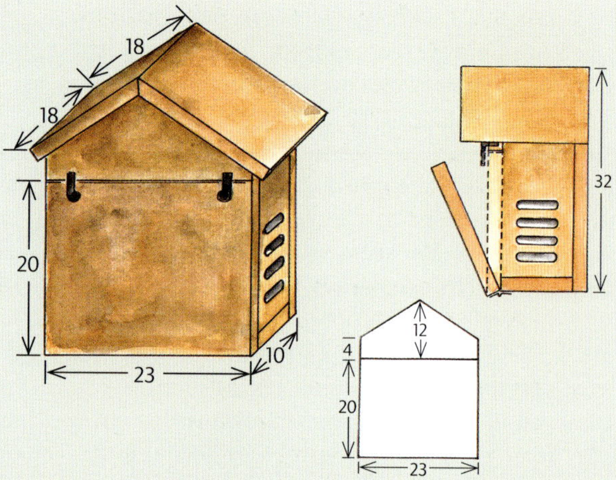

Bauanleitung

- Schlitze 1–1,5 cm in die Seitenwände sägen (siehe Zeichnung)
- Seitenwände an das Bodenbrett schrauben oder nageln
- Rückwand laut Skizze zuschneiden und montieren
- Vorderwandteile laut Skizze zuschneiden und mit Scharnieren befestigen
- Dachbretter in der Mitte anschrägen und so befestigen, dass sie auf der Vorder- und Rückwand aufliegen
- Dachpappe oder Schilf am Dach befestigen
- Stroh einfüllen

Lage

Das Marienkäferquartier wird an einem geschützten, sonnigen Platz aufgestellt, am besten in der Nähe von Pflanzen, die gern von Blattläusen befallen werden (Holunder, Jasmin, Schneeball).

Schmetterlingshotel

Schmetterlinge sind eine der artenreichsten Familien der Insekten. Allein in Mitteleuropa sind ca. 4 000 Arten bekannt, weltweit sind es über 180 000. Ihre Vielfalt an Farben und auch was ihre Größe betrifft ist beeindruckend: Das Spektrum der Flügelspannweite reicht von 2 mm bis ca. 28 cm. Schmetterlinge sind unabdingbar für die Bestäubung zahlreicher Blütenpflanzen im Naturgarten. Viele Arten sind bereits sehr selten geworden und daher besonders schützenswert.

Speziell die Jugendstadien der Schmetterlinge, die Raupen, vertilgen während ihrer Entwicklung große Mengen an Blättern ihrer Wirtspflanzen. Erwachsene Schmetterlinge ernähren sich hauptsächlich von Nektar: Sie fliegen von Blüte zu Blüte und holen ihn mit ihrem langen Saugrüssel aus den Blütenkelchen. Als Gegenleistung nehmen sie Pollen an ihrem Körper mit und tragen zur Bestäubung der Pflanzen bei.

Gefährdete Schönheiten

Die zarten Flügel der Schmetterlinge sind oft leuchtend bunt gemustert. Die prächtige Färbung, die oft auch eine täuschende Nachahmung von Oberflächenstrukturen ist, entsteht durch Millionen mikroskopisch kleiner Schuppen auf der Oberseite der Flügelmembranen. Sie werden schon durch Berührung verletzt. Schmetterlinge sind jedoch weniger durch ihre Zartheit gefährdet als durch den Rückgang von Futterquellen

und Nistmöglichkeiten. Hier kann im Naturgarten Abhilfe geschaffen werden.

Tag- und Nachtfalter

Das Schmetterlingsweibchen legt seine Eier auf die Wirtspflanze, die die kleinen Raupen nach dem Schlüpfen ernähren soll. Die Raupen wachsen oft sehr schnell und brauchen große Futtermengen. Sie häuten sich einige Male, bis sie sich verpuppen. Tagfalterpuppen hängen an einem dünnen Stiel an den Pflanzen. Nachtfalterpuppen sind in der Regel in Seidenkokons eingehüllt, versteckt in eingerolltem Laub oder in Ritzen und Spalten. Der frisch geschlüpfte Schmetter-

Millionen feinster Schuppen bilden die Oberfläche eines Schmetterlingsflügels.
(Foto: Hans Bernhard/Wikimedia Commons)

Auch Nachfalter zeigen oft eine attraktive Flügelzeichnung. (Foto: Böhringer Friedrich/ Wikimedia Commons)

NACHTFALTER ❧ heizen sich durch Zittern auf, wenn es ihnen zu kalt zum Fliegen ist. Die viel zu wenig beachteten Naturschönheiten haben oft einen pelzigen Körper und auffallend behaarte und komplex gebaute Fühler. In Ruhestellung verbergen sie ihren Körper mit ihren Flügeln wie unter einem schützenden Dach. Viele von ihnen haben Tarnmuster, mit denen sie eine Baumrinde oder ein Laubblatt nachahmen. Nachtfalter werden von stark duftenden Blüten und von weißen, gelben und helllila Farben, die UV-Licht reflektieren und in der Dämmerung besonders hervortreten, angezogen.

ling braucht einige Stunden, bis er seine Flügel voll entfaltet und geglättet hat. Dazu pumpt er Flüssigkeit hinein.

TAGFALTER ❧ brauchen Wärme zum Fliegen. Charakteristisch ist ihr typischer Taumelflug, in dem sie von Vögeln schwer gefangen werden können. Bei kühlem Wetter strecken sie ihre Flügel in der Sonne aus und „heizen" sich auf. In Ruhe falten sie sie zusammen und halten sie aufrecht, sodass nur die unauffällig gefärbten Unterseiten zu sehen sind. So werden sie von Fressfeinden nicht so leicht entdeckt. Sie sind oft besonders farbkräftig gemustert und sprechen stark auf Blüten mit roten Farbtönen an.

Blütenreichtum gesucht

Wer die flatternden Farbtupfer in den Garten locken will, bietet ihnen am besten eine nektarreiche Blütenauswahl, womit der Garten gleich nochmals bunter wird. Nektarreich sind heimische, einfach blühende Pflanzen, deren Staubblätter nicht zu zusätzlichen Blütenblättern umgewandelt sind.

SCHMETTERLINGSFLIEDER ❧ *(Buddleija sp.)*, der in den Tropen beheimatet ist, lockt mit seinem Nektar besonders viele Schmetterlinge an. Er ernährt jedoch keine Raupen, und kein Schmetterling legt seine Eier an ihm ab. Wir können uns an dem bunten Treiben um seine Blüten erfreuen, dürfen aber nicht vergessen, Raupenfutterpflanzen zur Verfügung zu stellen.

RAUPENFUTTERPFLANZEN ❧ Viele Schmetterlinge sind im Raupenstadium stark an spezielle Futterpflanzen gebunden, von denen das Fortbestehen der Arten abhängt. Gehölze wie Faulbaum, Roter Hartriegel, Kreuzdorn, Liguster, Haselnuss, Schlehe, Salweide, Ulme, Zitterpappel, Winterlinde und Erle sowie zahlreiche Wildkräuter (z. B. Brennnesseln) und Gräser sind in diesem Zusammenhang wichtig. Für Schmetterlinge gilt ganz besonders: Eine vielfältige Pflanzenwelt und ungestörte Nischen machen den Garten für sie lebenswert.

Tagfalter sind nur bei warmem Wetter aktiv. (Foto: Böhringer Friedrich/Wikimedia Commons)

Lebensräume für Schmetterlinge

Asthaufen, Baumhöhlen, Wiesen, Hohlräume zwischen Steinen
Wichtige Futterquellen für Falter sind: Salweide, Primel, Wasserdost, Kratzdistel, Salbei, Lavendel, Thymian, Schafgarbe, Steinkraut, Nachtkerze, Flammenblume, Aster, Fetthenne
Raupenfutterpflanzen sind: Salweide, Schlehe, Erle, Faulbaum, Kratzdorn, Roter Hartriegel, Liguster, Hasel, Brennnessel, Wildkräuter

Zironenfalter gehören zu den ersten Schmetterlingen im Garten.
(Foto: Tobias Knab/Wikimedia Commons)

Bauanleitung für ein Schmetterlingshotel

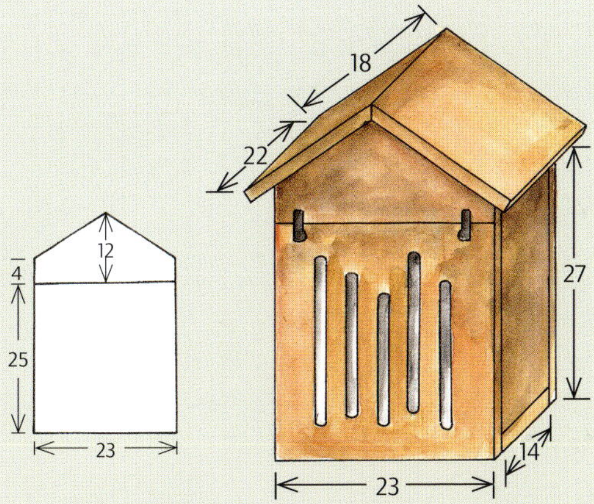

Material

- Sägeraues Fichten- oder Kiefernholz, 2 cm stark
  - 1 Brett 23 × 14 cm für den Boden
  - 2 Bretter 14 × 27 cm für die Seitenwände
  - 1 Brett 23 × 37 cm für die Rückwand
  - 2 Bretter 23 × 25 cm und 23 × 12 cm für die Vorderwand
  - 2 Bretter 18 × 22 cm für das Dach
- Schrauben oder Nägel
- Scharniere und Haken für die Klappe
- Winkel oder Leiste zur Montage an der Wand
- Stroh zum Befüllen

Bauanleitung

- Schlitze in die Vorderwand sägen (siehe Zeichnung)
- Seitenwände an das Bodenbrett schrauben oder nageln
- Rückwand laut Skizze zuschneiden und montieren
- Vorderwandteile laut Skizze zuschneiden und mit Scharnieren befestigen (siehe Marienkäferhotel)
- Dachbretter in der Mitte anschrägen und befestigen, sodass sie auf der Vorder- und Rückwand aufliegen
- Stroh einfüllen

Lage

Das Schmetterlingshotel wird an einem geschützten, sonnigen Platz aufgestellt, am besten Richtung Südosten. Es wird auch gern von Marienkäfern besiedelt.

Hotels für größere Nützlinge

Alte Bäume, die sich selbst überlassen werden, sind Schlafstätten und Brutplätze vieler Baumbewohner. Holzwespen und Käfer bohren Löcher in das morsche Holz, die in der Folge von Pilzen und weiteren Käfern besiedelt werden. Große Zimmererarbeit leisten die Spechte, die wiederum die Käfer und Larven im alten Holz frei klopfen und sich ihre Bruthöhlen darin hacken. Ihre verlassenen Höhlen werden von zahlreichen Vogelarten, Fledermäusen, Hummeln und Wespen besiedelt. Nistkästen gleichen einen Mangel an Baumhöhlen aus. In Kombination mit Obstbäumen, Wildsträuchern, Totholzhaufen und Wildkräutern werden damit viele Baumbewohner gefördert.

(Foto: Immo Schiller/ fotolia.com)

Nistkästen für Vögel

(Foto: hfuchs/shutterstock.com)

Vögel kommen in unsere Gärten, wenn sie dort Futter, Verstecke und Nistmöglichkeiten finden. Viele ernähren sich von Samen und Früchten: Bäume, Sträucher, Stauden und Blumenwiesen bieten ihnen dafür die Grundlage. Jungvögel brauchen zum Wachstum große Mengen an eiweißreichem Futter. Um sie satt zu bekommen, liefern die Vogeleltern unermüdlich Käfer und Würmer. Das schaffen sie jedoch nur, wenn genug Nahrungsangebot in der Nähe ihres Nestes vorhanden ist. Auf spärlich bewachsenen und gut einsehbaren Stellen haben sie alles im Blick und können auch am Boden Insekten aufstöbern. Nur ein insektenreicher Garten kann ein vogelreicher Garten sein!

> **TIPP** 🐝 **Zum Trinken und Baden kommen Vögel gern zu flachen Wasserstellen – richten Sie auf einem erhöhten Platz eine Vogeltränke ein.**

Nistplätze fördern

In der Balzzeit und während des Nestbaus verhalten sich die Vögel noch recht auffällig, während der Brutzeit sind sie möglichst ruhig. Die Brutaufzucht erfolgt zu zweit oder allein mit 20–50 Fütterungen pro Stunde von größeren Jungen. Die Nestlingszeit dauert ca. zwei Wochen, danach lernen die Jungen fliegen.

In der Natur bevorzugen Vögel verschiedene Arten von Nistplätzen. Grundsätzlich kann man zwei Typen unterscheiden:

FREIBRÜTER 🐦 Frei brütende Vögel wie Amsel und Singdrossel bauen ihre Nester in dichte, dornige Hecken, um ihren Nachwuchs vor Nesträubern versteckt zu halten. Oder sie wählen Plätze hoch in den Bäumen wie der Buchfink. Auch Kletterpflanzen wie Efeu sind günstige Nistplätze. Für das bodennah brütende Rotkehlchen ist eine gute Tarnung im undurchdringlichen Gestrüpp lebensnotwendig. Hecken aus Weißdorn, Schlehdorn,

Amseln und andere Freibrüter verbergen ihr Nest in möglichst dichten Hecken.
(Foto: Vasily Vishnevskiy/shutterstock.com)

Kreuzdorn, Heckenrose und Berberitze bilden ein Dickicht, das schwer zu durchdringen ist.

Freibrütern helfen Gärten mit sehr vielen Büschen, Unterholz und Steinhaufen mit versteckten Nischen, davor Wiesensäume mit Gräsern und Wildkräutern. Zusätzlich können Hecken an manchen Stellen mit Astgabeln und Fichtennadelreisig undurchdringlicher gemacht werden.

HÖHLENBRÜTER ✎ Viele unserer heimischen Vögel bauen ihr Nest in Baumhöhlen. Die Jungvögel sind darin besser geschützt als im Freien. In natürlicher Landschaft finden sich genug alte und abgestorbene Bäume. Sie bleiben noch lange stehen und vermodern von innen her, Astlöcher werden hohl und sind ideale Einschlupföffnungen. Spechte klopfen Käfer aus dem morschen Holz und hacken ganze Höhlen in den Baum. Sie zimmern sich ihre Nistkammern selbst; wenn sie sie verlassen, werden sie von anderen genutzt.

> **TIPP** ✎ **Steht ein alternder Baum im Garten, stellen sich Spechte meist von ganz allein ein.**

Der erste Schritt der Nisthilfe lautet daher, Bäume stehen zu lassen, auch wenn diese nicht mehr wirtschaftlich ertragreich sind. In der Folge sollte man Bäume nachsetzen und Spechte fördern.

NISTKÄSTEN ✎ sind eine Ergänzung, wenn ein Mangel an Altholz herrscht und immer weniger Höhlen und Nischen, auch in Felsen oder alten Gebäuden, vorhanden sind. Allerdings sind diese nur sinnvoll, wenn entsprechende Lebensräume und ein ausreichendes Nahrungsangebot gegeben sind.

Nistkästen müssen außerdem betreut, das heißt im Herbst ausgeleert und gesäubert werden, sonst vermehren sich Parasiten und Krankheiten darin. Schon allein deshalb ist die Erhaltung alter Bäume der aufwendigen Nistkastenbetreuung vorzuziehen.

Nisthilfe anbieten

Während Freibrüter durch ein Angebot entsprechend dichter Hecken angelockt werden, kann man höhlenbrütenden Arten spezielle Nistkästen anbieten. Hier unterscheidet man zwischen Höhlenkästen und Halbhöhlenkästen, die verschiedene Vogelarten ansprechen.

HÖHLENKÄSTEN-BEWOHNER ✎ Der „Standardkasten" mit einem ovalen Einflugloch wird vor allem von der Kohlmeise bezogen. Sie setzt sich am stärksten durch. Aber auch Kleiber und Feldspatz finden sich dort ein. Der Star braucht ein größeres Einflugloch. In Kästen mit drei Einfluglöchern ziehen kleinere Meisenarten wie Tannen- oder Sumpfmeise ein. Ist der Gar-

Durch natürliche Verwitterung, oft auch durch Spechte entstehen in morschem Holz Nisthöhlen für Höhlenbrüter. (Foto: Monika Biermaier)

Auch fast erwachsene Kohlmeisen werden von den Elterntieren noch mit Hingabe gefüttert.
(Foto: Highway45/Wikimedia Commons)

Der Rotschwanz zittert beim Ansitz auf Insekten auffällig mit dem Schwanz.
(Foto: Otto Durst/fotolia.com)

ten groß genug, hängt man am besten mehrere Kästen mit verschieden großen Einfluglöchern in entsprechenden Abständen auf.

Kohlmeise: Die Kohlmeise ist ein häufiger Besucher in Gärten mit Laubbäumen und mietet sich gern in Nistkästen ein. Sie frisst Samen und Nüsse, zur Aufzucht der Jungen benötigt sie Fluginsekten, Raupen und Spinnen. Überwintert vor Ort, zum Teil in Südeuropa.

Blaumeise: Bevorzugt Gärten mit Obstbäumen, Beerensträuchern und Wildkräutern. Sie ernährt sich von kleinen Raupen, Läusen und Spinnen, im Winter von Samen, Nüssen und Beeren und pickt auch Pflanzengallen auf. Überwintert vor Ort, zum Teil in Südeuropa.

TIPP 🐞 Halten Sie im Winter den Komposthaufen schneefrei – dort finden standorttreue Vögel auch in der kalten Jahreszeit eiweißreiche Insekten.

Sumpfmeise: Bezieht Gärten mit alten Laubbäumen. Frisst zur Brutzeit kleine Insekten, Raupen, Spinnen, danach Samen von Sträuchern, Bäumen und Wildkräutern. Bevorzugt werden die Samen von Pfaffenkappe, Fichte, Föhre, Esche und Buche. Überwintert vor Ort.

Haussperling und Feldsperling: Der Haussperling ist an Siedlungsgebiete gebunden; der Feldsperling braucht eine offene Landschaft mit Feldern und Randbereichen mit dichtem Gebüsch. Beide ernähren sich während der Brutzeit von Insekten, ansonsten von Samen, Beeren und Früchten. Überwintern vor Ort.

Gartenrotschwanz: Fühlt sich in Gärten mit alten Obstbäumen und Streuobstwiesen wohl. Auf einem erhöhten Platz lauert er auf Insekten und Spinnen in Bodennähe. Darüberhinaus frisst er Beeren. Überwintert in Afrika südlich der Sahara.

Kleiber sind in unseren Hausgärten in letzter Zeit wieder häufiger zu sehen.
(Foto: FokusNatur/Wikimedia Commons)

Kleiber: Liebt Gärten mit alten Bäumen mit rauer Rinde, passt Einfluglöcher mit Lehm und Erde auf passende Größe an. Er frisst zur Brutzeit Raupen, Spinnen, im Winter Samen von Eiche, Ahorn, Buche und Eibe. Überwintert vor Ort.

Star: Braucht freie Gärten mit alten Bäumen, freien Flächen und feuchten Wiesen. Er frisst während der Brutzeit Insekten und kleine Bodenlebewesen vor allem aus den Wiesen, sonst Beeren, Früchte, Samen. Überwintert vor Ort.

HALBHÖHLENKÄSTEN-BEWOHNER ❧

Hausrotschwanz: Lebt in Felsen und Gebäuden in offenen Siedlungen, die ihm als Felsersatz dienen. Er sucht Insekten, Spinnen an sonnigen, locker bewachsenen Stellen im Garten und Beeren. Überwintert im Mittelmeerraum und in SW-Europa.

Grauschnäpper: Baut seine Nester in Mauernischen und auf Dachbalken und bevorzugt baumreiche Gärten. Er frisst Insekten, die im Flug geschnappt werden, und Beeren; zur Aufzucht der Jungen sucht er auch Schnecken und Asseln. Überwintert in Afrika südlich der Sahara.

Bachstelze: Nistet auf Dachbalken von Gartenhütten nahe bei Gewässern und benötigt freie Bodenflächen zur Nahrungssuche. Sie ernährt sich von Insekten. Überwintert in Afrika; Mitte März findet sie sich wieder ein.

Der Hausrotschwanz baut seine Nester gern unter Dachvorsprüngen in Stadtrandsiedlungen.
(Foto: Stefan-Xp/Wikimedia Commons)

Kleines Nistkästen-Einmaleins

GEEIGNETES MATERIAL ❧ Nistkästen aus Holz oder Holzbeton sind am besten geeignet. In Holzkästen, die innen ungehobelt sind, haben die Vögel einen besseren Halt. Das Dach kann mit Dachpappe oder Schilf verkleidet werden, vor Regen geschützt ist das Holz länger haltbar. Wenn Buntspecht und Eichhörnchen die Einfluglöcher „vergrößern" wollen, weil sie an die Eier oder Jungvögel herankommen möchten, kann dies durch eine Metallplatte um das Einflugloch verhindert werden.

Grauschnäpper füttern ihre Brut mit Insekten, Schnecken und Asseln.
(Foto: L.B. Tettenhorn/Wikimedia Commons)

Bachstelzen sind heute überall in offenen Kulturlandschaften zu finden.
(Foto: Matthias Barby/Wikimedia Commons)

RICHTIG ANBRINGEN ✎ Die beste Zeit zur Ausbringung ist im Herbst für überwinternde Vögel oder am Ende des Winters, bevor Vögel auf Nestsuche gehen. Die Besetzung der Brutkästen kann schon mit der Balzzeit beginnen. Höhlen-kästen müssen im Garten nicht so hoch hängen, dann können die Tiere auch besser beobachtet werden. In freiem Gelände sollten sie mindestens in 3 Metern Höhe hängen.

Höhlenbrütende Vögel können durch passende Nistkästen in den Garten gelockt werden.
(Foto: Monika Biermaier)

Halbhöhlenkästen für Nischenbrüter an Gebäuden werden möglichst hoch montiert, um sie vor Marder und Katzen zu schützen, am besten unter einem Dachvorsprung und leicht nach vorn geneigt, damit kein Wasser eindringen kann.

TIPP 🐦 **Nistkästen nicht aus Kunststoff oder Metall fertigen oder kaufen, – das Material isoliert nicht, das kann für die Nestlinge tödlich enden.**

Am Baum können die Kästen mit einem Draht auf einem Ast hängen, jedoch nicht zu windexponiert. Damit der Ast nicht durchge-scheuert wird, klemmt man ein Stück Holz unter den Draht. Frei hängend sind die Kästen am sichersten vor Nesträubern. Sie können jedoch auch mit einer Aufhängeleiste – diese sollte län-ger sein als der Kasten – mit rostfreien Alumini-umnägeln oder verzinkten Eisennägeln direkt an den Baum genagelt werden.

GRÜNDLICH REINIGEN ✎ Die Nist-kästen werden jedes Jahr kontrolliert und im Herbst gesäubert. Die Vögel räumen sie bei Neubezug nicht aus und im alten Nistmaterial halten sich Parasiten. Mit einer harten Bürste

Frei aufgehängte Nistkästen sind für Raubtiere nicht so leicht zugänglich.
(Foto: Heiner Witthake/fotolia.com)

werden die Ecken und Ritzen ausgekehrt und eventuell mit Wasser und Seife geschrubbt. Wenn der Kasten von Hummeln, Wespen oder Hornissen besetzt ist, wird die Reinigungsarbeit auf Dezember verlegt, dann haben diese das Nest verlassen. Während der Aufzucht dürfen keine Kontrollen durchgeführt werden, sonst wird das Nest vielleicht gleich verlassen.

ALS WINTERQUARTIER BELASSEN 🐀

Die Nistkästen bleiben über den Winter hängen. Fledermäuse, Siebenschläfer oder Haselmäuse wollen vielleicht darin überwintern. Sie werden in der Winterzeit auch zum Übernachten von Kohlmeise, Blaumeise, Kleiber und Feldsperling aufgesucht. Eventuell sollte man im Frühjahr nochmals kontrollieren, ob sie sauber sind.

Bauanleitung für einen Halbhöhlenkasten

Material

* Sägeraues Fichten- oder Kiefernholz, 2 cm stark
    * 1 Brett 16 × 26 cm für das Dach
    * 1 Brett 16 × 10 cm für die Vorderwand
    * 1 Brett 16 × 19 cm für die Rückwand
    * 2 Bretter 14 × 16–19 cm (angeschrägt) für die Seitenwände
    * 1 Brett 12 × 16 cm für den Boden
* Schrauben oder Nägel
* Dachpappe oder Schilfmatte für das Dach

Bauanleitung

* Seitenwände zuschneiden, gemeinsam mit der Rückwand an das Bodenbrett schrauben und miteinander verbinden
* Vorderwand zum Aufklappen mit Nägeln, und Haken befestigen
* Dach aufsetzen und mit Dachpappe überziehen

Lage

Im lichten Schatten, optimal in Ost und Südostausrichtung, jedenfalls von der Hauptwindrichtung abgewandt. An Hauswänden möglichst hoch und geschützt.

TIPP 🐀 Wenn mehrere Kästen aufgehängt werden, sollten sie einen Abstand von 20–50 m haben.

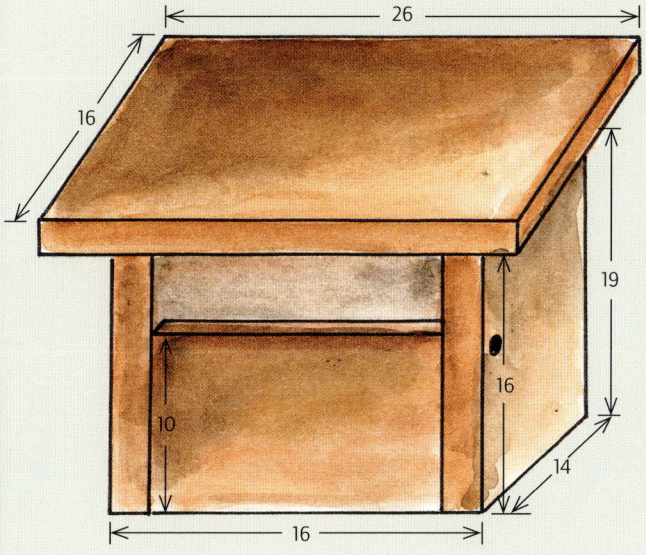

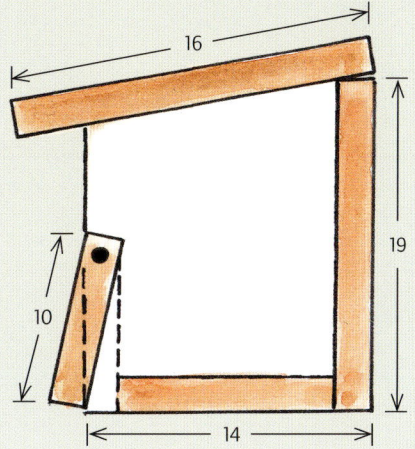

Bauanleitung für einen Höhlenbrüter-Kasten

Material

❇ Sägeraues Fichten- oder Kiefernholz, 2 cm stark
  ❇ 1 Brett 24 × 24 cm für das Dach
  ❇ 1 Brett 14 × 22 cm für die Vorderwand
  ❇ 1 Brett 14 × 28 cm für die Rückwand
  ❇ 2 Bretter 18 × 22–25 cm (angeschrägt) für die Seitenwände
  ❇ 1 Brett 14 × 14 cm für den Boden
❇ Schrauben oder Nägel, Haken
❇ Dachpappe oder Schilfmatte für das Dach
❇ Evtl. Metallplatte für das Einfluchloch

Bauanleitung

❇ Einfluglöcher in die Vorderwand bohren
  ❇ 1 Einfluchloch (32–34 mm, 3–6 cm vom oberen Rand entfernt) für Kohlmeisen
  ❇ 2 Einfluglöcher nebeneinander (3 × 4,5 cm, 3–6 cm vom oberen Rand entfernt) für Gartenrotschwanz
  ❇ 3 Einfluglöcher nebeneinander (27 mm Durchmesser, 6–9 cm vom oberen Rand entfernt) für Kleinmeisenarten
❇ Seitenwände laut Skizze zuschneiden, mit der Rückwand an das Bodenbrett schrauben und miteinander verbinden
❇ Vorderwand zum leichten Öffnen mit Nägeln und Haken befestigen (siehe Zeichnung)
❇ Dach aufsetzen und mit Dachpappe überziehen
❇ Gegebenenfalls Metallplatte um das Einfluchloch montieren, wenn die Gefahr von Eierräubern wie Buntspecht und Eichhörnchen groß ist.

TIPP 🐞 Die Größe der Einfluglöcher für den Gartenrotschwanz ist auch für den Kleiber geeignet. Er mauert sie sich selbst auf die richtige Größe zu.

Lage

Im lichten Schatten, optimal in Ost und Südostausrichtung, jedenfalls von der Hauptwindrichtung abgewandt. Im Garten ca. 2 m hoch, im Freiland mindestens 3 m hoch. Wenn mehrere Kästen aufgehängt werden, sollten sie einen Abstand von 20–50 m haben.

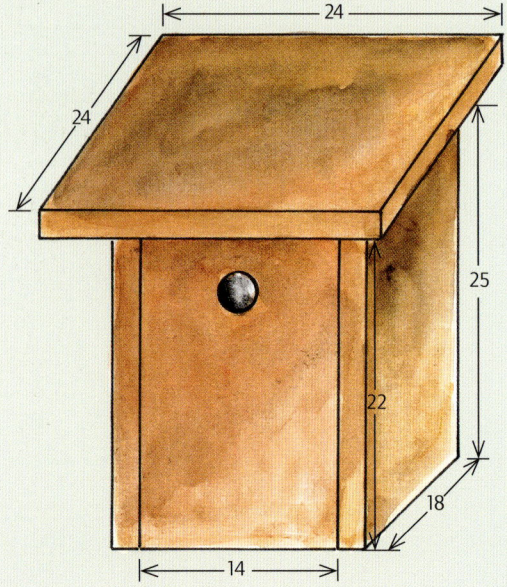

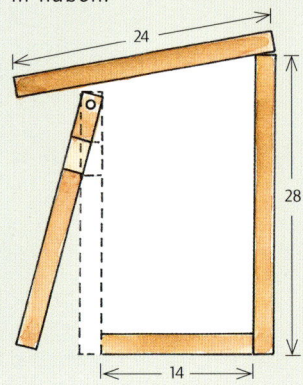

Vögel im Frühling und Sommer

Im Frühling und Sommer sind die Vögel bei Tageslicht ununterbrochen mit der Fütterung ihrer Nachkommen beschäftigt. Sie verhalten sich möglichst unauffällig, um nicht die Aufmerksamkeit möglicher Feinde auf ihr Nest zu ziehen, und haben kaum Zeit, länger an einem Platz zu verweilen. Da es im verbauten Gebiet für sie oft schwierig ist, offene Wasserstellen zu finden, kann man mit einer Vogeltränke im Garten nicht nur den gefiederten Nützlingen helfen, sondern auch eine Bühne für ein Naturschauspiel der ganz besonderen Art einrichten.

TIPP 🐦 **Wichtig ist, dass das Wasser der Vogeltränke sauber ist. Es sollte daher täglich gewechselt werden.**

BELIEBTE VOGELTRÄNKE 🐦 Im Sommer ist eine flache Wasserstelle ein großer Anziehungspunkt für Vögel. Sie kommen oft zum Trinken und Baden dorthin, wenn sie einen guten Überblick haben, ob ihnen kein Feind auflauert. Eine Vogeltränke sollte daher stets erhöht errichtet werden (z. B. auf einer Säule), damit Raubtiere keine Chance haben. Als Vogelbad kann bei-

spielsweise ein großer Blumenuntertopf dienen. Der Badebereich darf nur einige Zentimeter tief sein und der Rand des Beckens nicht zu hoch.

TEICHUFER GESTALTEN 🐦 Die seichte Uferrandzone eines Teichs wird mit Sicherheit von vielen Vögeln genutzt. Auch andere Tiere kommen gern zum Trinken hierher, und neben Fröschen und Libellen gibt es darüber hinaus viel zu beobachten. Auch hier sollte genügend Freifläche um den Teich herum vorhanden sein und Büsche oder andere hohe Pflanzen erst in einigen Metern Entfernung gesetzt werden, damit die Vögel sich sicher fühlen können. Flache Mulden mit Sand und Lehm neben dem Teich sind für viele Vögel wichtig, solche Plätze finden sie in der Natur immer schwerer.

Vogeltränken sollten stets natürlich wirken und erhöht angelegt werden, damit Katze & Co keine Chance haben. (Foto: dirkr/shuttertsock.com)

Schwalben brauchen Lehm und Erde zum Nestbau, die sie im bebauten Gebiet oft schwer finden. (Foto: H. Hoffmeister/Wikimedia Commons)

Vögel im Winter

Vögel, die den Winter bei uns verbringen, finden in der Regel auch ohne Fütterung durch die Menschen genug Nahrung, um in der kalten Jahreszeit zu überleben. Körnerfresser finden noch Beeren und Samen an Sträuchern und Bäumen, auch Samen von Wildkräutern picken sie eifrig aus den trockenen Blütenständen. Insektenfresser kommen auch im Winter an Insekten heran und fressen zusätzlich Beeren und Samen. Je größer das Angebot an Wildgehölzen und krautigen Pflanzen, die im Winter stehen bleiben, desto besser können sie sich versorgen.

> **TIPP** 🐌 **Fallobst, das im Winter auf den Kompost gelegt wird, bietet vielen Vögeln eine willkommene zusätzliche Nahrungsquelle.**

Man kann den Vögeln auch helfen, indem man darauf achtet, dass es schneefreie Stellen im Garten gibt, an denen sie an Samen und Insekten herankommen. Auch der Kompost sollte regelmäßig von Schnee freigelegt werden.

MIT FUTTERHÄUSERN PUNKTEN 🐦

Wenn der Winter streng ist und die Pflanzen von einer Frostschicht überzogen sind oder unter einer Schneedecke verschwinden, ist ein Futterhaus eine willkommene Hilfe. Am Futterhaus lassen sich Vögel besonders gut beobachten und dabei die verschiedenen Arten kennenlernen. Das geschäftige Treiben ist ein ganz besonderes Schauspiel und eine Freude für Jung und Alt. Wenn das Futterhaus regelmäßig befüllt wird, wissen die Vögel schnell, wo etwas zu holen ist. Mit Frühlingsbeginn kann man die Fütterung langsam einstellen.

ZWECKMÄSSIGE FUTTERHÄUSER 🐦

Als Futterhaus sollte nur ein Silofutterhaus verwendet werden, wo das Futter aus einem Silo durch einen Spalt nach vorn rutscht, die Vögel

An Silofutterhäusern bleibt das Futter hygienisch sauber und es herrscht den ganzen Winter über reges Leben. (Foto: pictureguy/shutterstock.com)

sitzen davor auf einem Brett oder einer kleinen Stange und können es nicht mit Kot verunreinigen. Im Handel werden runde Silofutterhäuser oder Futtersäulen angeboten, die frei aufgehängt werden können. Sie werden von oben befüllt und haben unten meist mehrere Futterentnahmestellen. Viele sind aus Metall oder Kunststoff und haben einen durchsichtigen Silo, bei dem leicht erkennbar ist, ob noch Futter darin ist. Offene Futterhäuser, bei denen die Körner nur am Boden ausgestreut werden und die Vögel im Futter sitzen, sollten zumindest alle paar Wochen gründlich gereinigt werden.

GEEIGNETE FUTTERMISCHUNGEN

🐦 enthalten Sonnenblumenkerne und kleinere Samen von Hanf, Hirse, Leinsamen und Buchweizen, darüber hinaus Nüsse und Fett. Meisenknödel oder Meisenringe und Netze mit Nüssen, die es fertig zu kaufen gibt, werden einfach aufgehängt. Für Spechte, Kleiber und auch Meisen kann man Fettmischungen selbst herstellen und direkt in die Rindenspalten eines Baums schmieren. Auch Haferflocken, Rosinen und Obst werden gern angenommen und können beigemischt werden.

Fettreiche Nahrung ist im Winter für viele Vögel überlebensnotwendig. (Foto: MK/fotolia.com)

Bauanleitung Silofutterhaus für Vögel

Material

- Sägeraues Fichten- oder Kiefernholz, 2 cm stark
  - 1 Brett 25 × 28 cm für das Dach
  - 1 Brett 13 × 14 cm für die Vorderwand
  - 1 Brett 20 × 24 cm für die Rückwand
  - 2 Bretter 19 × 18 cm für die Seitenwände
  - 1 Brett 14 × 14 cm für den Boden
  - 1 Anflugbrett 5,5 × 20 cm, 1 cm stark
- Schrauben oder Nägel
- Dachpappe oder Schilfmatte für das Dach
- Bandscharnier 20 cm lang
- Haken oder Holzleiste zum Aufhängen

Bauanleitung

- Seitenwände laut Skizze zuschneiden
- Seitenwände und Rückwand verbinden
- Anflugbrett an den Boden schrauben
- Boden- und Dachbrett im entsprechenden Winkel zur Rückwand hin abschrägen
- Boden und Vorderwand schräg an die Seitenwände schrauben
- Dach mit Bandscharnier an der Rückwand befestigen, mit Dachpappe überziehen

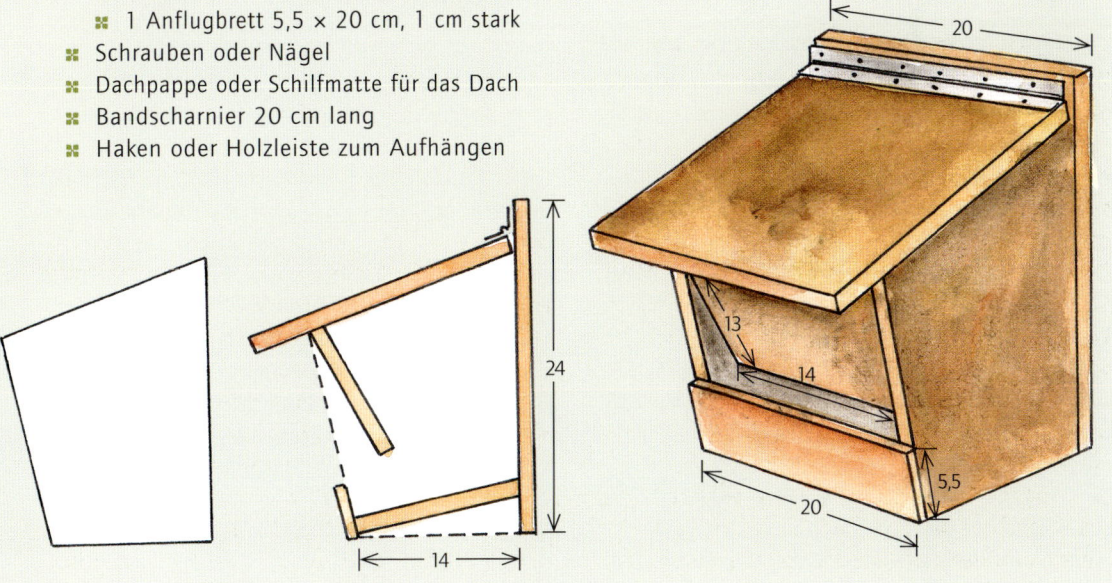

Fledermauskasten

(Foto: Geoffrey Kutchera/shutterstock.com)

Die fliegenden „Mäuse" vertilgen große Mengen an Insekten. Pro Nacht fressen sie ein Viertel ihres Körpergewichts und mehr. Sie gehören damit zu den nützlichsten Tieren in unseren Gärten und sollten entsprechend geschützt und gefördert werden.

Einzigartige Spezialisten

Die hoch spezialisierten Säuger haben unglaubliche Fähigkeiten und verdienen unseren Respekt. Ihr Körper hat sich ganz dem Fliegen angepasst. Die Tragflächen ihrer Flügel werden von einer dünnen Flughaut gebildet, die zwischen einem verlängerten Hand- und Fingerknochen gespannt ist. Auch Beine und Schwanz sind in die Flughaut miteinbezogen.

Wenn sich die Vögel in der Dämmerung zu ihren Ruheplätzen begeben, erheben sich die schnell flatternden Geschöpfe in die Luft und fliegen bis in die frühen Morgenstunden. Meist ist in der Dunkelheit nicht viel von ihnen zu sehen. Sie haben sich einen Nischenplatz in der Natur gesucht, indem sie eine Lebensweise entwickelt haben, die einzigartig ist und bei der wenig Konkurrenz herrscht. Dazu brauchen sie eine vielfältig strukturierte Landschaft, auch um einen üppig gedeckten Tisch an „Bio"-Insekten vorzufinden. Weil sie große Mengen vertilgen, sind sie sehr empfindlich gegen Insektengifte.

Fledermäuse fressen Falter, Motten, Käfer und Mücken sowie Schädlinge, die in der Nacht unterwegs sind. Mit ihrem kräftigen Gebiss knacken sie die härtesten Chitinpanzer und erwischen Laufkäfer sogar zwischen Blättern und Gras. Zuerst nehmen sie die Insekten an ihren Geräuschen wahr. Unter Laub und Moos spüren sie sie dann mit ihrer feinen Nase auf.

Lautlose Echopiloten

Sie orientieren sich in der Dunkelheit mit Ultraschallrufen und orten auch ihre Beute mit dem Echolot. Die Ultraschallwellen werden im Kehlkopf erzeugt, die Töne liegen in einem Schwingungsbereich, den der Mensch nicht mehr hören kann. Die Schwingungen treffen auf ein Hindernis oder auf die Beute, werden zurückgeworfen und die Fledermaus empfängt mit ihren Ohren ihren eigenen Ruf. Die Fledermaus „sieht" nur dorthin, wohin sie peilt, also nur einen Ausschnitt der Umgebung. Sie hat zusätzlich ein sehr gutes Ortsgedächtnis und merkt sich die Hindernisse in der näheren Umgebung ihres Quartiers und Jagdreviers. Sie fliegt auch aus dem Gedächtnis, was ihr zum Verhängnis werden kann. So haben Windkraftanlagen schon viele Tiere das Leben gekostet, wenn auch die Ursache, warum sie das Windrad völlig „übersehen", noch ungeklärt ist.

Fledermäuse erzeugen aber auch Töne, die die Menschen hören können. Wenn sie beunruhigt sind, geben sie für menschliche Ohren höchst seltsam klingende Laute wie Kicksen und Zischen von sich, ein Grund mehr, warum Fledermäuse für viele geheimnisvoll sind.

Kinderstube gesucht

Tagsüber suchen Fledermäuse hohle Bäume und Spechthöhlen auf oder halten sich unter Dachziegeln, auf Dachböden und hinter Fensterläden und Hausverschalungen auf, wenn sie dort ungestört sind. Sie mögen die Wärme, wenn diese Quartiere von der Sonne beschienen werden.

LIEBEVOLLE MÜTTER  Anfang des Sommers bringt das Fledermausweibchen meist ein Junges zur Welt und zieht es fürsorglich auf. Es bringt ihm das Fliegen bei – die ersten Versuche aus luftigen Höhen sind nicht so einfach. Mit nur ein, manchmal zwei Nachkommen pro Jahr ist die Population bei Ausfall schnell dezimiert. Die Unterstützung der scheuen Tiere ist deshalb besonders wichtig.

> **TIPP** 🦇 **Langohrfledermäuse nehmen auch Vogelnistkästen als Nisthilfe an.**

Ihre perfekte Anpassung an die Navigation im Dunkeln macht Fledermäuse zu perfekten Jägern nachtaktiver Insekten.
(Foto: Cher-Igor/shutterstock.com)

NISTHILFE WILLKOMMEN 🦇 Die Quartieransprüche der einzelnen Arten sind sehr unterschiedlich und wechseln auch noch saisonal innerhalb einer Art. So suchen sie häufig unterschiedliche Quartiere für Balz, Wochenstube und Überwinterung auf. Spaltenbewohnenden Fledermäusen wie Zwerg- und Rauhautfledermaus kann man Flachkästen als Nisthilfe anbieten, höhlenbewohnenden Arten wie der Langohrfledermaus Höhlenkästen.

> **TIPP** 🦇 **Lärm, Rauch, Berühren oder Beleuchten wecken die empfindsamen Tiere auf und stressen sie – lassen Sie Fledermäuse im Quartier möglichst ungestört!**

Fledermäuse im Winterquartier

Im Winter ziehen sich die Fledermäuse in Höhlen, Felsspalten, Keller und große hohle Baumstämme zurück und schalten ihren Stoffwechsel auf Sparflamme. Ihre Flughäute sind sehr dünn und nicht isoliert, das heißt ohne Pelz. Sie sind der Kälte ungeschützt ausgesetzt und beim Fliegen schnell unterkühlt. Um bei tiefen Temperaturen genug Wärme erzeugen zu können, müssten die Tiere große Mengen an Nahrung zu sich nehmen, doch gerade im Winter sind wenige Insekten unterwegs.

Sie überdauern den Winter schlafend an frostsicheren, möglichst nicht zugigen, aber feuchten Orten, denn sonst trocknen ihre Flughäute aus. Atmung und Puls sind auf ein Minimum reduziert und der Stoffwechsel herabgesetzt. Die Körpertemperatur sinkt bis auf die Umgebungstemperatur ab, also bis nahe an den Gefrierpunkt. Wenn die Gefahr droht, dass sie wirklich unter 0 °C sinkt, wachen die Tiere auf und suchen einen wärmeren Platz. Das Aufwachen kostet sie jedoch viel Kraft. Sie müssen sich aufheizen und verbrauchen dabei Fettreserven. Mehrmaliges Aufwachen während eines Winters ist so kräftezehrend, dass es zum Tod führen kann.

Heimische Fledermausarten

Die Mehrzahl der circa zwanzig heimischen Fledermausarten gehört der Familie der Glattnasen an.

ZWERGFLEDERMAUS 🦇 Die kleinste Art in unseren Breiten wird circa 4 cm groß. Sie ist sehr anpassungsfähig und lebt unter Dachschindeln oder Verschalungen von Häusern, auch von Neubauten. Sie bildet oft große Sippschaften mit Hunderten Tieren. Die Weibchen gebären meist Zwillinge, die bis Ende August selbstständig sind. Dann ziehen die Fledermäuse oft in großen Gruppen in der Gegend umher, bevor sie ihre Winterquartiere beziehen.

Eigens gefertigte Flachkästen tragen dazu bei, Fledermäuse im Garten anzusiedeln.
(Foto: Monika Biermaier)

BRAUNE LANGOHRFLEDERMAUS 🦇 Sie wohnen in kleinen Gruppen (ein Dutzend Tiere) auf Dachböden von alten Häusern und Kirchen. Tagsüber halten sie sich unter den sonnenbeschienenen Dachziegeln auf, gegen Abend hängen sie frei von den Dachbalken, und nachts gehen sie auf Jagd. Sie fressen gern Nachtfalter, von denen sie zuvor die Flügel abbeißen.

RAUHAUTFLEDERMAUS 🦇 Sie lebt in Baumhöhlen und Vogelnistkästen und unter der Rinde alter Bäume. Mit einer Körperlänge von 4,5 cm ist sie recht klein, bei Gefahr hört man sie zischen und fauchen.

ABENDSEGLER 🦇 leben in kleinen Gruppen in Spechthöhlen. Wenn diese alt und zerklüftet sind, hängen sie im oberen Teil des ausgehöhlten Baums. Ihren Winterschlaf halten sie in Felsspalten, Fassaden und Baumhöhlen mit bis zu hundert Individuen zusammen. Sie ziehen vom Sommer- ins Winterquartier oft durch halb Europa.

HUFEISENNASE 🦇 Die Hufeisennase gehört einer eigenen Familie an; bei uns gibt es nur eine Art. Sie hat ihren Namen von einem Aufsatz auf der Nase, der ihr bei der Ultraschallpeilung hilft. Hufeisennasen bewohnen im Sommer Dachböden von alten, ruhigen Gebäuden wie Kirchen und Schlössern. Sie hängen frei von der Decke, ohne einander zu berühren. Im Schlaf hüllen sie sich in ihre Flughäute ein.

Lebensräume für Fledermäuse

Baumhöhlen, Dachböden, Felsspalten, Keller (unterschiedliche Sommer- und Winterquartiere)
Wichtige Futterquellen sind: insektenreiche freie Landschaften, Gärten mit offenen Wiesen- und Wasserflächen

Bauanleitung für einen Fledermauskasten

Material

* Säageraues Fichten- oder Kiefernholz, 2 cm stark
  * 1 Brett 30 × 10 cm für das Dach
  * 1 Brett 20 × 31 cm für die Vorderwand
  * 1 Brett 24 × 40 cm für die Rückwand
  * 2 Bretter 6 × 33 cm für die Seitenwände
* 1 Leiste, ca. 2 × 1 cm, 20 cm lang
* Schrauben oder Nägel
* Teerpappe für das Dach
* Haken oder Holzleiste zum Aufhängen

Bauanleitung

* In die Innenseite der Rückwand Rillen einsägen, zusätzlich alle Innenflächen der Bauteile aufrauen oder einritzen (z. B. mit einem Schraubenzieher); die Fledermäuse krallen sich am Holz fest und „klemmen" sich zwischen die Wände – in dem sich nach oben verjüngenden Kasten je nach Körpergröße mehr oder weniger weit oben
* Leiste laut Skizze an der Vorderwand montieren
* Seitenwände laut Skizze zuschneiden, an der Vorderwand anschrauben, auf die Rückenwand aufsetzen

* Dach anschrauben und mit Teerpappe ummanteln
* Alle Ritzen mit Holzleim abdichten (Fledermäuse vertragen keine Zugluft)
* Darauf achten, dass keine Nägel oder Schrauben herausstehen, an denen sich die Tiere verletzen könnten
* Reinigungsarbeiten fallen nicht an, da der Kot durch den Schlitz hinausfällt. Kontrollen sind mit Vorsicht durchzuführen, um die Tiere nicht zu stören. Auch kann es lange dauern, bis der Kasten besiedelt wird.

Lage

Der Fledermauskasten wird in 3–5 m Höhe an Hausmauern oder in Bäumen aufgehängt und sollte nicht der prallen Sonne ausgesetzt sein. Die Vorderseite mit dem Anflugschlitz sollte nicht nach Norden ausgerichtet und frei anzufliegen sein.

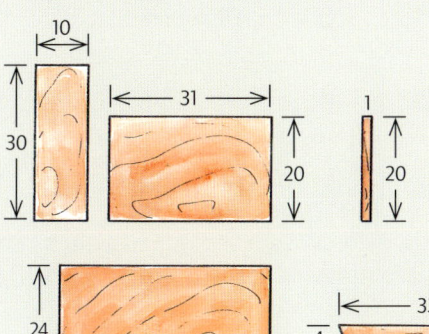

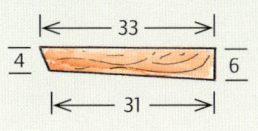

Igelhaus

(Foto: Jörg Hempel/Wikimedia Commons)

Der Igel ist ein Wald- und Waldrandbewohner, der sich häufig in Parks und Gärten mit ausreichendem Baumbestand und dichtem Heckenbestand aufhält. Tagsüber schläft er in seinem Nest im Unterwuchs von Büschen oder zwischen Steinen und Baumstümpfen, das er mit Laub und Gras ausgepolstert hat. Der Igel wird 20–30 cm groß, sein Rücken ist mit braun-weiß gebänderten Stacheln bedeckt, die eine Umbildung des Fells darstellen. Kopf und Unterseite sind rau behaart. Droht Gefahr, rollt sich der Igel zu einer Kugel

Bei Gefahr können sich Igel zusammenrollen und schützen so ihre Weichteile. (Foto: Monika Biermaier)

zusammen und spannt die Rückenhaut an, sodass nach außen nur noch seine Stacheln in die Höhe stehen und der Feind keine Angriffsmöglichkeit hat. Der Igel durchstreift große Reviere, manche Arten legen regelrechte Trampelpfade im Unterholz an, um schneller vorwärtszukommen.

NACHTAKTIVER JÄGER 🐾 Der Igel kommt in der Dämmerung aus seinem Versteck hervor und macht sich auf die Suche nach Insekten, Würmern und Schnecken. Mit seinen spitzen Zähnen knackt er selbst die härtesten Käferpanzer. Auch junge Mäuse, Frösche, Schlangen, Eier und Jungvögel aus Vogelnestern sind nicht vor ihm sicher. Dazu schmecken ihm Obst und Beeren.

UNNAHBARER EINZELGÄNGER 🐾 Außerhalb der Fortpflanzungszeit leben Igel als Einzelgänger und sind Artgenossen gegenüber nicht selten aggressiv. Das Igelweibchen bringt im Sommer vier bis sieben Junge zur Welt, die

Lebensräume für Igel

Dichte Hecken, Gebüschsäume, Ast- und Reisighaufen
Wichtige Futterquellen sind: Insekten (Schädlinge) in artenreichen Hecken und Wiesenlandschaften

bei der Geburt noch blind und taub sind. Die Stacheln der Nesthocker sind zuerst noch weiß und weich und liegen unter der Rückenhaut verborgen. Die Mutter säugt sie circa vier Wochen, nach sechs bis acht Wochen sind sie bereits selbstständig. Den Winter verschlafen Igel unter dichten Laub- und Reisighaufen.

Insektenfressende Verwandte

Neben dem Igel gibt es zwei weitere Familien innerhalb der Insektenfresser, die nützliche Gartenfreunde und näher mit dem Igel verwandt sind.

Maulwürfe leben als Einzelgänger in unterirdischen Gängen, die sie mit ihren zu Grabschaufeln umgebildeten Vorderarmen graben. Die nützlichen Gartenhelfer ernähren sich von Engerlingen, Drahtwürmern und Schnecken.

Spitzmäuse haben mit Feld- oder Hausmäusen, die zu den Nagetieren gehören, außer ihrem Körperbau nichts gemein. Sie haben ein scharfes Gebiss und stöbern mit ihrer sehr beweglichen Schnauze und ihren langen, beweglichen Barthaaren Engerlinge, Maulwurfsgrillen, Drahtwürmer und Schnecken auf.

Hausspitzmaus
(Foto: Creative Nature_nl/istockphoto.com)

Bauanleitung für ein Igelhaus

Material
❈ sägeraues Fichten- oder Kiefernholz, 2 cm stark
  ❈ 1 Brett 40 × 40 cm für das Dach
  ❈ 1 Brett 30 × 35 cm für die Vorderwand
  ❈ 1 Brett 35 × 25 cm für die Rückwand
  ❈ 3 Bretter 26 × 25–30 cm (abgeschrägt) für die Seitenwände und für die Mittelwand
❈ Schrauben oder Nägel
❈ Dachpappe oder Schilfmatte für das Dach
❈ Stroh, Laub und Heu zum Befüllen

Bauanleitung
❈ Vorderwand und Mittelwand: Eingang, 12 cm breit und 10 cm hoch, für eine untere Ecke ausschneiden
❈ Außenwände miteinander verbinden
❈ Mittelwand laut Skizze einsetzen und anschrauben
❈ Dach mittig aufsetzen und anschrauben
❈ Dachpappe oder Schilf am Dach befestigen
❈ Füllmaterial einbringen

Lage
Das Igelhaus wird geschützt vor Wind und Wetter aufgestellt. Direkt vor dem Eingang sollte keine Wiese sein, da diese nachts meist feucht ist. Versteckt zwischen Laub unter Büschen ist es ein sicheres, trockenes Quartier, das die Igel Sommer wie Winter nutzen.

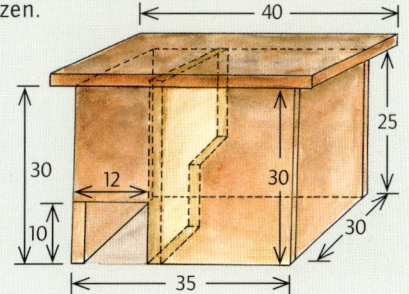

Quartier für Eidechse & Co

(Foto: Quartl/Wikimedia Commons)

Sie brauchen besondere Plätze im Garten: Amphibien (Lurche) suchen feuchte Plätze im Garten und Reptilien (Kriechtiere) trockene, warme Orte. Sie sind wechselwarm, das heißt, ihre Körpertemperatur ist von der Umgebungstemperatur abhängig. Bei Kälte werden sie steif und können sich nicht bewegen. Dann ziehen sie sich in ihre Verstecke zurück. Sie sind nützliche Helfer im Garten und halten Spinnen, Schnecken und Würmer in Schach.

Amphibien

Mit einem Teich oder einem Tümpel kann man Amphibien in den Garten holen. Sie brauchen das Wasser, um ihren Laich abzulegen, aus dem die kiementragenden Kaulquappen hervorgehen. Die erwachsenen Tiere atmen mit Lungen und gehen an Land. Amphibien haben eine dünne, feuchte Haut, die leicht austrocknet, und brauchen eine möglichst hohe Luftfeuchtigkeit. Tagsüber ziehen

sie sich in hohe Wiesen, ins Gebüsch oder ins Unterholz zurück.

GRASFROSCH ☙ Der Grasfrosch ist sehr anpassungsfähig und stellt sich als einer der ersten Bewohner in einem neu angelegten Teich ein. Nach dem Ablaichen entfernt sich der Grasfrosch weit vom Wasser und jagt im hohen Gras nach Insekten, Spinnen und Schnecken.

ERDKRÖTE ☙ Die dicken Erdkröten sind ruhige Gartenbewohner. Rund um den Teich leben sie in hohen Gräsern, Stauden und Sträucher mit reichem Unterholz und fressen Schnecken und Kleintiere.

Nur in der Paarungszeit gehen die Erdkröten-männchen als Passagiere der Weibchen mit auf Wanderung. (Foto: Alofok/Wikimedia Commons)

Lebensräume für Amphibien

Teich, Tümpel, Uferzone, hohe Wiesen, Gebüschsäume
Wichtige Futterquellen sind: Insekten und Kleintiere im und am Wasser und in feuchten Wiesen

TEICHMOLCH 🦎 Der Teichmolch gibt sich auch mit kleinen Teichen und Tümpeln mit Wasserpflanzen zufrieden. Er siedelt sich daher gerne in Gärten an und überwintert unter Steinen, in morschem Holz oder am Boden des Teichs. Die Larven leben von kleinen Krebstierchen, die sie im Teichboden suchen. Erwachsene Molche jagen Insekten und Würmer in der Umgebung des Teichs.

Reptilien

Reptilien verbringen ihr ganzes Leben an Land. Ihre Haut hat dicke Hornschuppen ausgebildet, die sie vor Sonne und Austrocknung schützt. Sie suchen möglichst warme Plätze auf, um Energie zu tanken oder auch, um ihre Eier ausbrüten zu lassen. Mit trockenen, sandigen Stellen, Steinhaufen und Holzstücken in der Sonne kann man für sie geeignete Lebensräume schaffen.

BLINDSCHLEICHE 🦎 Die beinlose Echse wird bis zu einem halben Meter lang. Ihre Augen öffnen und schließen sich, Sie ist keineswegs blind, wie ihr Name vermuten lassen könnte. In der Dämmerung der Morgen- und Abendstunden jagt sie nach Würmern, Nacktschnecken und Nachtfaltern.

ZAUNEIDECHSE 🦎 Die Zauneidechse braucht viel Wärme und sonnt sich gern auf aufgeheizten Steinen, und das möglichst in Ruhe. Im Winter versteckt sie sich in Steinhaufen oder Erdlöchern. An heißen Sommertagen ist sie ein flinker Jäger von Fliegen, Heuschrecken, Spinnen, Tausendfüßlern und Asseln.

Lebensräume für Reptilien

Steine, Steinmauern, Totholz, Erdlöcher
Wichtige Futterquellen sind: Insekten, Schnecken, Würmer

Bauanleitung für ein Steinhaus

Material
- Größere und kleinere Steine
- Sand, Schotter
- Altholz, Äste
- Evtl. Wasserschale oder Teichfolie

Bauanleitung
- Aus Steinen, alten Ziegeln und anderem sauberem Schutt einen Hügel aufschütten (30–70 cm hoch)
- Auf einer Seite Steine aufschichten, zuunterst Steine mit großen Hohlräumen
- Die andere Seite mit Sand und sandiger Erde bedecken, ein kleines „Steilstück" kann auch mit Lehm aufgefüllt werden, Holzstücke oder Äste auflegen, wenn vorhanden auch ein Wurzelstock
- Am Rande des Hügels einen kleinen Graben ziehen, mit Schotter und Sand auffüllen. Je tiefer der Graben bzw. je dicker die Schotterschicht, desto leichter kann dieser Bereich später von Bewuchs freigehalten werden.
- Eine Wasserschale oder ein Stück Teichfolie einbauen

Lage
An einem sonnigen Ort, am besten in der Nähe einer Wasserfläche, im Vordergrund einer dichten Hecke.

Lebensräume und Futterquellen im Garten

Eine lebendige Gestaltung mit möglichst vielen verschiedenen Lebensräumen deckt die unterschiedlichen Ansprüche der Tiere ab, wobei an Rändern und Übergangen wie Zäunen, Wegen oder Geländekanten gerade besonders interessante Zonen entstehen können. Gebüschsäume, Totholzhaufen, Laubschichten und wilde Ecken sichern vielen Tieren das Überleben. Hohe Bäume, Kletterpflanzen und Steinmauern strukturieren den Garten vertikal.

(Foto: Monika Biermaier)

Blumen- und Wildkräuterwiese

Sonnige Gärten mit bevorzugten Futterpflanzen wie Klee und Hahnenfuß, Lavendel, Salbei und Majoran, Glockenblumen, Skabiosen, Witwenblumen und Weiden sind ein Paradies für unsere Insektenwelt.

Gartenabschnitte mit Wiesenblumen und Wildkräutern sind die Lebensgrundlage vieler Insekten und anderer Tiere. (Foto: Monika Biermaier)

Die Blüten der Wildkräuter und Blumen sind die Lebensgrundlage vieler kleiner Gartenbewohner. Sie werden von Bienen, Schmetterlingen, Käfern, Fliegen und Heuschrecken besucht. In der Streuschicht nahe am Boden leben Ameisen, Laufkäfer und Würmer, in der Krautschicht weiter oben Raupen, Spinnen und Schnecken. Vögel picken die kleinen Wiesen- und Bodenlebewesen heraus.

Geeignete Bedingungen schaffen

In der freien Landschaft stellen sich besonders artenreiche Wiesen auf Böden ein, die extensiv genutzt und gedüngt werden. Auch im Garten entstehen die schönsten Blumenwiesen auf abgemagerter Erde.

MAGERWIESEN ✿ Auf weniger üppigem Boden haben konkurrenzschwächere Arten eine Chance. Sie kommen mit kargen Verhältnissen besser zurecht und zeigen eine große Vielfalt an Blüten. Selbst schmale Wiesenstreifen entlang von Wegen oder als Wiesensaum vor Hecken und Sträuchern stellen eine wichtige Ergänzung an Kleinlebensräumen dar. Wichtig ist, dass die Wiese den Großteil des Tages von der Sonne beschienen wird.

FETTWIESEN ✿ In sogenannten Fettwiesen auf nährstoffreichen Böden setzen sich neben Gräsern und Kleesorten vor allem Löwenzahn,

Scharfer Hahnenfuß und Wiesenkerbel durch. Auch sie sind wichtige Pollen- und Nektarlieferanten. Hier kann man das Artenspektrum erweitern, indem man die Erde an kleineren Stellen freilegt und Samen streut oder kleine Pflanzen von Wiesen-Glockenblume, Wiesen-Salbei oder Wiesen-Flockenblume setzt. Manche Wildkräuter kommen auf nährstoffarmen bis nährstoffreichen Böden vor.

Nachtkerzen ziehen vor allem Nachtfalter an.
(Foto: Whitway/istockphoto.com)

Eine Blumenwiese anlegen

Bei Neuanlagen wird die Erde daher am besten vor der Aussaat mit Sand abgemagert. Bestehender Rasen wird vollständig entfernt, um die Konkurrenz der kräftigen Graser und Kleearten auszuschalten. Die gelockerte Erde sollte sich noch ein paar Tage setzen, bevor der Wiesensamen von einem Heuboden in der Umgebung oder von einer geeigneten Samenmischung ausgebracht wird.

Futterpflanzen auf nährstoffarmen Blumen- und Wildkräuterwiesen

Deutscher Name	Botanischer Name	Wuchshöhe in cm	Blütenfarbe	Blühzeit	Besonders wichtig für
Acker-Kratzdistel	Cirsium arvense	60–130	Rosaviolett	Jul–Sep	S, H, I
Beifuß	Artemisia vulgaris	60–120	Grün	Jul–Sep	S, I
Hornklee	Lotus corniculatus	5–30	Gelb	Mai–Aug	B, H, S
Huflattich	Tussilago farfara	5–20	Gelb	Mär–Apr	B, H, S
Kleiner Klappertopf	Rhinantus minor	10–40	Gelb	Mai–Aug	B, H
Königskerze, Großblütige	Verbascum densiflorum	50–200	Gelb	Jul–Sep	H, I
Moschusmalve	Malva moschata	20–60	Rosa	Jul–Sep	H, S, I
Nachtkerze	Oenothera biennis	40–100	Gelb	Jun–Sep	B, H,S
Natternkopf	Echium vulgare	40–70	Blau	Mai–Aug	S, H
Rainfarn	Tanacetum vulgare	50–120	Gelb	Jul–Sep	B, I
Steppensalbei	Salvia nemorosa	20–60	Dunkelviolett	Jun–Aug	B, H, S
Tüpfel-Johanniskraut	Hypericum perforatum	30–60	Gelb	Jul–Aug	B, S, I
Wegwarte, Wilde Zichorie	Cichorium intybus	30–130	Blau	Jul–Aug	B, I
Witwenblume	Knautia arvensis	30–70	Violett	Jul–Aug	B, S, V
Wilde Karotte	Daucus carota	30–100	Weiß	Jun–Sep	B, I

Legende B = Bienen, H = Hummeln, S = Schmetterlinge, I = Käfer, Fliegen, V = Vögel, K = Kleinsäuger

Blumenwiesen werden nur ein- bis zweimal jährlich gemäht. (Foto: goldbany/fotolia.com)

In Folge wird ein laufender Nährstoffeintrag möglichst vermieden und der Heuschnitt nach der Mahd entfernt. Im ersten Jahr wird öfter geschnitten – das erste Mal bei einer Pflanzenhöhe von 10–20 cm –, damit sich die rosettenbildenden Wildkräuter besser durchsetzen können. In den weiteren Jahren wird die hohe Blumenwiese nur ein- bis zweimal im Jahr (Ende Juni und Ende Oktober) mit der Sense gemäht, wenn die meisten Gräser und Kräuter ausgesamt haben.

Die Mahd im Frühjahr fördert den Blühreichtum, ist aber für die Tierwelt nicht so leicht zu verkraften. Im Frühjahr mäht man daher am besten zuerst die eine, und dann die andere Hälfte, um Raupen und anderen Kleintieren ein Überleben zu ermöglichen. Im Herbst sollte ein Stück Wiese mit hohen Halmen stehen bleiben, um den Tieren Futter und Quartier über den Winter zu sichern.

Futterpflanzen auf nährstoffreichen Blumen- und Wildkräuterwiesen

Deutscher Name	Botanischer Name	Wuchshöhe in cm	Blüten- farbe	Blühzeit	Besonders wichtig für
Brennnessel	Urtica dioica	60–150	Grün	Jun–Okt	S
Echte Kamille	Matricaria chamomilla	15–30	Weiß-Gelb	Mai–Aug	B, I
Goldrute, Gewöhnliche	Solidago virgaurea	60–100	Gelb	Jul–Sep	B, S, I
Kriechender Günsel	Ajuga reptans	10–30	Blauviolett	Mai–Aug	H
Löwenzahn	Taraxacum officinale	5–30	Gelb	Mai–Sep	B, I
Margerite	Chrysanthemum leucanthemum	30–60	Weiß-Gelb	Mai–Okt	B, I
Roter Wiesenklee	Trifolium pratense	15–30	Rot	Jun–Okt	S, H
Schafgarbe	Achilleum millefolium	15–50	Weiß	Jun–Okt	B, S, I
Scharfer Hahnenfuß	Ranunculus acris	30–100	Gelb	Mai–Jul	B, I
Skabiose (Knopfblume)	Scabiosa columbaria	30–60	Hellviolett	Jun–Okt	B, H, V
Taubnessel, Gefleckte	Lamium maculatum	20–60	Rot	Mär–Okt	B, H, S
Vogelwicke	Vicia cracca	30–130	Violett	Jun–Aug	B, H, I, V, K
Weißer Wiesenklee	Trifolium repens	20–50	Weiß	Mai–Sep	H, S
Wiesen-Flockenblume	Centaurea jacea	30–100	Violett	Jun–Okt	B, S, V
Wiesen-Glockenblume	Campanula patula	30–60	Blau	Mai–Sep	B, H, S
Wiesen-Kerbel	Anthriscus sylvestris	70–130	Weiß	Apr–Aug	V
Wiesen-Salbei	Salvia pratensis	20–60	Dunkelblau	Mai–Jul	B, H, S
Wiesen-Storchschnabel	Geranium pratense	30–60	Violett	Mai–Jul	B, H, I

Legende B = Bienen, H = Hummeln, S = Schmetterlinge, I = Käfer, Fliegen, V = Vögel, K = Kleinsäuger

(Foto: benshot/shutterstock.com)

Staudenbeete mit ungefüllten Blüten

Blütenpflanzen und Insektenwelt stehen in enger Wechselwirkung. Pflanzen, die auf Bestäubung durch Insekten angewiesen sind, locken diese mit auffälligen Blüten und mit ihrem Duft an. Pflanzen und Insekten passen sich einander bis zu hohem Spezialistentum an: Die Pflanzen geben den Insekten Nektar und Pollen, das heißt Zucker und Eiweiß zur Energielieferung und für die Ernährung ihres Nachwuchses, und die Insekten sorgen für Bestäubung der Blüten. Viele traditionelle Blumen haben in ihren natürlichen, „ungefüllten" Blüten reichlich Pollen und Nektar und sind eine wichtige Nahrungsquelle für Bienen, Schmetterlinge und andere Insekten. „Ungefüllt" bedeutet, dass ihre Staubgefäße nicht in Blütenblätter umgewandelt wurden. Einfach blühende Staudenblumen zeichnen sich durch ihre Robustheit aus. Sie lassen sich unkompliziert vermehren und werden von den Insekten reichlich besucht.

Viel Aufsehen um nichts

Hochgezüchtete Blüten von Blumen und Sträuchern sind oft größer und üppiger. Zusätzliche Blütenblätter gehen aber auf Kosten von Pollen und Nektar. Die Blüten sind unfruchtbar und können keine Nahrung bieten. Die Insekten fliegen sie trotzdem an. Sie haben dann nicht nur weniger Nahrung zur Verfügung, sie verbrauchen auch noch unnötig Energie, weil sie nicht immer gleich erkennen, dass es bei diesen Blüten nichts zu holen gibt.

Lange Freude für alle

Wichtig ist es, die zeitliche Blühabfolge der Stauden zu berücksichtigen, damit die Tiere das ganze Jahr über Nahrung finden. Auch wir Menschen erfreuen uns an Beeten, die ganzjährig ein wechselndes Farbenspiel bieten. Im zeitigen Frühjahr locken Zwiebelblumen wie Hyazinthen die ersten

Dazwischengestreut

Einjährige Sommerblumen sind eine raschwüchsige Futterquelle für Bienen und Insekten und schließen Lücken im Staudenbeet: z. B. Kornblume, Mohn, Kapuzinerkresse, Bechermalve, Sonnenblume, Schleierkraut, Tagetes, Ringelblume, Phazelie (Bienenfreund), Borretsch, Löwenmäulchen

(Foto: C. Löser/Wikimedia Commons)

Hummeln an. Wenn es wärmer wird, werden die Bienen so richtig aktiv. Bis zum Hochsommer erfolgt ein intensives Sammeln der Bestäuber. In der Fortpflanzungsphase ist ihr Energieverbrauch sehr hoch, denn sie müssen eifrig Vorrat zur Brutversorgung sammeln. Im Spätsommer bis Ende des Herbstes sind spät blühende Stauden wie Fetthenne, Aster und Herbstanemone wichtig. Sie geben den dann noch fliegenden Schmetterlingen, Käfern und Bienen Nahrung vor dem Winter.

Das Aufräumen verschieben

Pflanzenstängel sind die Wohnhäuser vieler Wildbienen und anderer Insekten. Sie werden von Gartenbesitzern oft leichtfertig entfernt, bevor die Larven darin den Winter überdauern konnten. Der ganze Nestbau mit Pollenvorrat und Eiablage war umsonst. Besser ist es, das Aufräumen von Hecken und Staudenbeeten vom Herbst auf das Frühjahr zu verschieben.

Küchenkräuter blühen lassen

Auch blühende Küchenkräuter werden von Bienen und Schmetterlingen eifrig besucht und sollten in Staudenbeeten berücksichtigt werden:
Salbei, Thymian, Rosmarin, Lavendel, Kerbel, Koriander, Ysop, Kümmel, Liebstöckel, Dill, Borretsch, Johanniskraut, Minze, Melisse.

(Foto: pegu/shutterstock.com)

Futterpflanzen in Staudenbeeten

Deutscher Name	Botanischer Name	Wuchshöhe	Blüten-farbe	Blühzeit	Besonders wichtig für
Akelei, Gewöhnliche	Aquilegia vulgaris	30–70	Weiß-Rot-Violett	Mai–Jul	B, H
Aster	Aster sp.	30–100	Weiß-Rot-Violett	Aug–Okt	B, S, I
Eisenhut, Blauer	Aconitum napellus	50–150	Blau	Jun–Sep	H, S, I
Fingerhut, Roter	Digitalis purpurea	30–150	Rotviolett	Jun–Aug	H, S, I
Frühlings-Krokus	Crocus vernus	8–10	Violett	Mär–Mai	B, H, I
Glockenblume, Pfirsichblättrige	Campanula persicifolia	30–100	Blau	Jun–Aug	B, H, S
Katzenminze	Nepetax faassenii	50–100	Gelb, Rosa	Jul–Sep	B, H
Kugeldistel, Drüseneblättrige	Echinops sphaerocephalus	60–150	Blau	Jun–Aug	B, S, I
Veilchen	Viola sp.	5–30	Bunt	Mai–Aug	B, H, S
Riesensteinbrech	Bergenia sp.	25–40	Rosa	Mär–Apr	B, H
Rittersporn, Hoher	Delphinium elatum	40–150	Blau	Jun–Jul	B, H, S
Stockrose	Alcea rosea	100–300	Rosa-Weiß	Jul–Sep	B, I
Storchschnabel	Geranium sp.	25–60	Weiß, Rosa, Violett	Mai–Jul (Okt)	B, H, S

Legende B = Bienen, H = Hummeln, S = Schmetterlinge, I = Käfer, Fliegen, V = Vögel, K = Kleinsäuger

(Foto: Monika Biermaier)

Wildgehölze

Wildgehölze bieten Deckung und Schutz für Tiere, besonders wenn es darunter viel Unterholz und Laub und am Rand Wiesenkräuter gibt. Sie geben Schatten und Windschutz sowie Nahrung in Form von Blüten, Früchten und Samen. Ein dorniges Dickicht aus Brombeeren, Weißdorn und Schlehe schützt die Jungtiere in ihren Nestern darin. Je dichter und schwerer es zu durchdringen ist, desto besser ist der Schutz.

Einheimische Arten bevorzugen

Einheimische, standortgerechte Sträucher mit ungefüllten Blüten sind zu bevorzugen. Mit ihnen lässt sich eine abwechslungsreiche Hecke zusammenstellen, in der die ganze Saison über etwas blüht und die im Herbst reiche Früchte und eine schöne Laubfärbung zu bieten hat. Viele Wildfrüchte sind auch für den Menschen genießbar und lassen sich zu Marmeladen und Säften verarbeiten. Der Gartenbesitzer kann die Früchte zum Teil selbst ernten oder ganz den Tieren überlassen.

HOLUNDER 🚲 Früher war in jedem Garten ein Holunderstrauch anzutreffen, er gilt als alte Heilpflanze und wirkt immunstärkend. Mitte Mai bildet er üppige, aromatisch duftende Blütendolden aus, die von Bienen und Hummeln aufgesucht werden. Die dunklen, vitaminreichen Beeren werden von Amseln, Drosseln und Staren geschätzt. Auch die Blätter sind Nahrung für viele Tiere; trockene Stängel werden noch von Wildbienen ausgehöhlt und für Nistanlagen genutzt.

WEISSDORN 🚲 Der Weißdorn hat eine schöne, aufrechte Wuchsform und im Mai eine weiße Blütenpracht. In seinem Dornendickicht können Vögel ihre Nester verstecken und Igel finden sicheren Unterschlupf. Vögel und Kleinsäuger fressen die Beeren noch im Winter vom Strauch, im Sommer jagen sie Falter und Insekten, die in den Zweigen leben.

KIRSCHPFLAUME 🚲 Ein Obstbaum im Garten liefert uns nicht nur Früchte, er bietet auch ein prächtiges Blütenkleid im Frühjahr, das Bienen und Hummeln eine wichtige Nahrungsquelle ist, Schatten im Sommer, Früchte im Herbst, die von Vögeln gern genascht werden, und Unterschlupf für viele Kleintiere das ganze Jahr über. Im Alter liefern sie Hohlräume für höhlenbrütende Vögel und andere Baumbewohner.

ROSA GLAUCA 🚲 Die zarte Wildrose mit 1–2 m Höhe liebt es eher warm und trocken. Sie wächst auf steinigen Böden, auch mit wenig Erde, vor Mauern und in Hecken. Ihre blauroten Blätter machen sie besonders attraktiv, ihre dunkelrosa Blüten im Juni/Juli werden von Hummeln, Bienen und Käfern besucht. Die Früchte werden von Vögeln und Kleinsäugern gefressen, die Blätter von verschiedenen Wespenarten.

Wildfruchtsträucher

Deutscher Name	Botanischer Name	Höhe in m	Blüten- farbe	Blühzeit	Besonders wichtig für
Berberitze, Gewöhnliche	Berberis vulgaris	1–3	Gelb	Mai–Jun	B, H, V, K
Apfel Wildform	Malus sylvestris	3–10	Rosa-Weiß	Mai–Jun	B, H, V, K
Birne Wildform	Pyrus communis	3–20	Weiß	Apr–Mai	B, H, V, K
Brombeere	Rubus fruticosus	1–3	Weiß-Rosa	Jun–Aug	B, S, K
Dirndlstrauch, Kornelkirsche	Cornus mas	3	Gelb	Feb–Mär	B, V, K
Elsbeere	Sorbus torminalis	5–15	Weiß	Mai–Jun	I, V, K
Faulbaum	Frangula alnus	3–5	Grün	Mai–Jun	I, V, K
Felsenbirne	Amelanchier ovalis	3–7	Weiß	Apr	B, H, V
Hartriegel, Roter	Cornus sanguinea	4	Weiß	Mai–Jun	B, S, V
Haselnuss	Corylus avellana	6	Gelb, Rot	Feb–Apr	I, V, K
Heckenkirsche, Blaue	Lonicera coerula	1–2	Gelb	Mai–Jul	H, S, V
Himbeere	Rubus idaeus	1–2	Weiß	Mai–Aug	V, K
Holunder	Sambucus nigra	6	Weiß	Mai–Jun	B, V, K
Johannisbeere, Rote	Ribes rubrum	1	Gelb-Weiß	Apr–Mai	B, H, S, K
Johannisbeere, Schwarze	Ribes nigrum	1,5	Rot	Apr–Mai	B, H, S, K
Kirschpflaume	Prunus cerasifera	3–8	Weiß	Mär–Apr	B, H, V, K
Kreuzdorn	Rhamnus cathartica	2–4	Grün	Mai–Jun	S, I, V, K
Liguster, Gewöhnlicher	Ligustrum vulgare	4	Weiß	Jul–Aug	B, S, V
Mehlbeere	Sorbus aria	2–10	Weiß	Mai–Jun	I, V, K
Pfaffenkäppchen, Spindelstrauch	Euonymus europaeus	2–5	Grün	Mai–Jun	I, V, K
Rosen, Wilde	Rosa sp.	1–4	Weiß-Rosa	Jun–Jul	S, V, K
Salweide	Salix caprea	1–7	Gelb	Mär–Mai	B, H, S, K
Sanddorn	Hippohaea rhamnoides	4–5	Braun	Apr–Mai	B, I, V
Schlehdorn	Prunus spinosa	3	Weiß	Apr–Mai	B, S, V, K
Schneeball	Viburnum opulus, Viburnum lantana	3–4	Weiß	Mai–Jun	I, V, K
Speierling	Sorbus domestica	4–15	Weiß	Mai	I, V, K
Stachelbeere	Ribes uva-crispa	1,5	Grün-Gelb	April–Mai	B, H, S, K
Steinmispel, Gewöhnliche	Cotoneaster integerrimus	2	Weiß	Mai	B, V
Traubenkirsche	Prunus padus	3–10	Weiß	Apr–Mai	B, V, K
Vogelbeere, Eberesche	Sorbus aucuparia	5–12	Weiß	Mai–Jun	I, V, K
Vogelkirsche	Prunus avium	10–20	Weiß	Apr–Mai	B, V, K
Wacholder	Juniperus communis	3	Grün	Apr–Mai	S, V, K
Weißdorn	Crataegus monogyna, C. oxyacantha	3	Weiß	Mai	S, V, K

Legende B = Bienen, H = Hummeln, S = Schmetterlinge, I = Käfer, Fliegen, V = Vögel, K = Kleinsäuger

(Foto: Monika Biermaier)

Schling- und Kletterpflanzen

Eine vertikale Begrünung ist ein weiteres Element im Garten, das räumliche Strukturen schafft. Sie ist auch für die Tierwelt ein großer Gewinn, denn sie bietet zusätzlich Unterschlupf und Nahrung. Schling- und Kletterpflanzen können bei geringer Breite große Flächen ausfüllen. Deshalb sind sie in kleinen Gärten oder für schmale und hohe Bereiche besonders geeignet. Als Begrünung einer Pergola schaffen sie eine rasche natürliche Beschattung. An der Mauer wirken sie isolierend und verhindern ein starkes Aufheizen durch die Sonneneinstrahlung.

Rankt Efeu über mehrere Jahre auf einem alten Baum hoch, wird dieser von ihm regelrecht gestützt. (Foto: val lawless/shutterstock.com)

Kletterpflanzen für Nützlinge

Selbstklimmende Kletterpflanzen saugen sich mit ihren Trieben oder Wurzeln an der Wand fest, indem sie Haftscheiben oder Haftwurzeln ausbilden. Mauerkatze, Efeu und Kletterhortensie brauchen keine Kletterhilfe, um Fassaden und Mauern zu begrünen. Rankpflanzen wie Clematis (Waldrebe) oder Wilder Wein brauchen ein Gerüst zum „Anhalten". Blauregen und Geissblatt schlingen sich um Kletterhilfen. Brombeere und Kletterrose sind Spreizklimmer. Sie nutzen ihre Stacheln an den Trieben, um Halt zu finden.

DIE MAUERKATZE ☯ hat an ihren Ranken scheibenförmige Haftscheiben und damit einen sehr festen Halt. Sie entwickelt im Herbst eine wunderschöne Färbung. Ihre blauen Beeren sind bis spät in den Winter Nahrung für Amseln, Drosseln und Wacholderdrosseln.

IMMERGRÜNER EFEU ☯ Efeu breitet sich gern am Boden aus und wird oft als Unterwuchs unter Sträuchern genutzt. Wird er vertikal eingesetzt, bildet er kleine Luftwurzeln an den Sprossen aus und hält eine Mauer oder einen Zaun das ganze Jahr über dicht grün bedeckt. In ihm können viele Tiere leben und finden Versteckmöglichkeiten sowie Nahrung in Form von Blüten, Samen und Früchten. Spinnen haben hier ein reichliches Insektenangebot, die Spinnen wiederum werden von Vögeln gefressen.

DER BLAUREGEN ⚘ windet sich spiralig um alte Bäume und Holzpfosten und ist ein sehr wüchsiger Sonnenanbeter. Im Frühjahr ist er eine begehrte Futterpflanze für Bienen und Hummeln.

DAS GEISSBLATT ⚘ begrünt Asthaufen und kahle Hecken. Altes Holz dient ihm als Stütze und Kletterhilfe. Im Frühjahr lockt es mit seinem süßen Duft Insekten an, im Herbst bietet es mit seinen Früchten Nahrung für die Vogelwelt.

CLEMATIS-SORTEN ⚘ mit einfachen Blüten haben oft einen sehr reichen Blütenflor, der Bienen, Hummeln und Schmetterlinge anlockt. Ihr zarter Wuchs macht sie für kleinere Pflanzbögen gut geeignet.

DER WILDE WEIN ⚘ ist ein anspruchsloser Schlinger mit hoher Wuchskraft, der im Herbst mit seiner flammend roten Färbung heraussticht. Weinreben bilden Sprossenranken aus, mit denen sie sich an Seilen und Gerüsten anhalten. Seine unscheinbaren, grünlich-weißen Blüten nähren Bienen und Insekten, seine schwarzen Beeren Vögel und Kleinsäuger.

WILDE KLETTERROSEN ⚘ wie die Ackerrose oder Kletterrosen mit einfachen Blüten sind für Mensch und Tier eine Bereicherung im Garten. Neben Blütenpracht und zartem Duft haben sie für Insekten Pollen und Nektar zu bieten, Vögel und Kleintieren fressen die Früchte und finden in den Dornen sichere Verstecke.

Schling- und Kletterpflanzen für Nützlinge

Deutscher Name	Botanischer Name	Kletter-hilfe	Wuchshöhe in m	Blüten-farbe	Blühzeit	Besonders wichtig für
Bittersüßer Nachtschatten	Solanum dulcamara	×	2	Gelb-Violett	Jun–Aug	B, H, I
Blauregen, Glycinie	Wisteria sp.	×	5–12	Blau	Mai–Jun	B, H, S
Brombeere	Rubus fruticosus	×	Bis 3	Weiß-Rosa	Jun–Aug	B, S, K
Efeu	Hedera helix		5–30	Grün	Aug–Okt	I, V
Hopfen	Humulus lupulus	×	3–8	Grün	Jul–Aug	B, S, I
Kletterhortensie	Hydrangea anomala ssp. petiolaris	Anfangs ×	7	Weiß	Jun–Jul	B, H, S, I
Kletterrose	Rosa sp.	×	Bis 7	Weiß, Rosa, Rot, Gelb	Jun–Jul	B, H, I, V, K
Mauerkatze	Parthenocissus tricuspidata „Veichii"		20	Grün	Jun–Jul	B, K, V
Pfeifenwinde, Osterluzei	Aristolochia clematitis	×	1	Grün	Jun–Jul	S, I, V
Geißblatt, Echtes	Lonicera caprifolium	×	1–3	Gelb-Weiß	Jun–Aug	B, H, S, V
Waldrebe, ungefüllte Blüten	Clematis sp.	×	Bis 5	Bunt	Mai–Jul	B, H, S
Wilder Wein	Parthenocissus quinquefolia		20	Grün	Jun–Aug	B, I, V, K
Zaunrübe, Rote	Bryonia dioica	×	3	Weiß	Jun–Jul	B, H, I

Legende B = Bienen, H = Hummeln, S = Schmetterlinge, I = Käfer, Fliegen, V = Vögel, K = Kleinsäuger

(Foto: Siegei/fotolia.com)

„Wilde" Ecken

Bestimmte Ecken im Garten, wo die Bepflanzung bewusst sich selbst überlassen wird, zeugen nicht von Unordnung, sondern sind wichtige Rückzugspunkte für Pflanzen und Tiere. Diese Refugien brauchen jedoch eine gewisse Größe. Sie können kombiniert werden mit Altholz und Asthaufen.

NATUR PUR ✍ Wem es nicht so leichtfällt, diese Ecken mit Gelassenheit zu betrachten, kann sie für sich genau abgrenzen und fürs Erste beobachten, was dort passiert.

„WILDE FUTTERPFLANZEN" ✍ Wenn die naturbelassene Ecke nahe dem Kompost liegt, ist die Erde dort sehr nährstoffreich und Brennnessel, Giersch und Borretsch breiten sich aus. Es finden sich dort aber auch weitere Raupenfutterpflanzen wie Klee- und Wickenarten, Sauerampfer, Flockenblume und Wegerich, Wiesenschaumkraut, Distel und Labkraut ein. Wenn diese in der Wiese regelmäßig gemäht werden, können sich die Raupen, die von ihren Blättern leben, nicht darauf entwickeln. Hier in der wilden Ecke sind sie ungestört.

WICHTIGE BRENNNESSEL ✍ Die Brennnessel ist eine wichtige Futterpflanze für Schmetterlingsraupen. Die Schmetterlinge legen ihre Eier vor allem auf Jungtriebe ab. Ein größerer Bereich mit diesem Wildkraut ist in erster Linie für jene Schmetterlinge lebensnotwendig, deren Raupen ausschließlich von ihnen leben, wie Tagpfauen-

auge, Kleiner Fuchs, Admiral und Landkärtchen. Geht ihnen die Futterquelle aus, bevor sie ausgewachsen sind, müssen sie verhungern. Insgesamt ernähren sich die Raupen von etwa fünfzig verschiedenen Schmetterlingsarten zumindest teilweise von der Brennnessel. Dabei fressen sie sich um die Brennhaare herum oder beißen sie an der Basis ab und umgehen damit das ameisensäureähnliche Gift in der Spitze der Brennhaare.

TIPP 🐾 **Auch Kröten, Frösche und Molche finden in wilden Ecken Schutz.**

Die Raupen des Kleinen Fuchses ernähren sich ausschließlich von Brennnesseln.
(Foto: Quartl/Common Wikimedia)

Totholz

Zum natürlichen Kreislauf gehört Wachsen, Blühen, Fruchten, Einziehen und Absterben, Verwittern und Verrotten. Nährstoffe werden frei, neues Wachstum kann entstehen. Abgestorbenes bedeutet neues Leben.

Abgestorbene Bäume sollten so lange wie möglich im Garten belassen werden.
(Foto: Monika Biermaier)

Begehrte Lebensräume

TOTE BÄUME ✍ vermodern mithilfe einer Schar an Kleinstlebewesen und geben dem Boden Nährstoffe für neues Leben zurück. Sie sollten möglichst stehen gelassen werden, wenn sie niemanden gefährden. Viele Käfer bohren sich in dürre Äste und Zweige und leisten Vorarbeit für Insekten, die ihre verlassenen Gänge später beziehen. Große Hohlräume sind bei größeren Tieren sehr gefragt: von Vögeln und Eichkätzchen, Siebenschläfern und Fledermäusen werden sie gern als Unterschlupf oder Bruträume benutzt. Baumhummeln und Hornissen gründen ihre Nester darin. Sie entstehen durch herunterbrechende Äste oder durch die Arbeit der Spechte.

BAUMSTÜMPFE UND ÄSTE ✍ am Boden werden ebenfalls eifrig genutzt und mit der Zeit von Käfern und Ameisen zerlegt. Was wiederum Igel, Mäuse, Erdkröten oder Blindschleichen dazu verlockt, hier auf Nahrungssuche zu gehen. Zwischen Asthaufen und unter Holzscheiten finden sich viele gute Verstecke, die Rückenschutz bieten. Nachdem der Schlafplatz im tieferen Geäst verlassen wurde, kann sich die Jagd in der Dämmerung von hier aus in offenere Bereiche ausdehnen. Es muss nicht jeder Baumstumpf ausgegraben werden und Holzstapel sollten ruhig länger stehen bleiben dürfen. Zusätzlich kann man Äste und Zweige in der Hecke liegen lassen oder sogar einen Baumstamm dazulegen.

Laub, Mulch, Kompost

Eine dünne Schicht an Laub und abgestorbenem Material am Boden hält die Erde lange feucht und schützt die Erdbewohner darunter. Bakterien, Pilze, später Springschwänze, Tausendfüßler, Asseln, Schnecken und Regenwürmer können bis an die Oberfläche kommen und das organische Material abarbeiten.

Durch die Tätigkeit der Bodenlebewesen werden Nährstoffe frei, die wieder den Pflanzen zur Verfügung stehen. Sie wachsen und bilden Futter für die Tiere aus. Regenwürmer, Käfer und Schnecken werden von Maulwürfen und Vögeln gefressen. Dieser Kreislauf hält das natürliche System aufrecht.

Lebensquelle Kompost

Der Kompost ist das Herzstück des Gartens. Hier erfolgt die Umsetzung der Nährstoffe und es wird alles gesammelt, was Grundlage für neues Wachstum und Leben ist. Diese Vorgänge finden (weniger konzentriert) an vielen Stellen in der Natur statt. Im Garten werden sie an einem Ort gesammelt und aufbereitet, bis wieder frische, nährstoffreiche Erde geerntet werden kann. Darin stellt sich reiches Leben ein. Zuerst erscheinen Kompostwürmer in großer Zahl; wenn der Kompost fertig verrottet ist, folgen die Regenwürmer.

TIPP 🐾 **Für größere Tiere ist der Kompost eine reiche Futterquelle; wenn er im Winter freigelegt wird, sind viele Vögel dankbar dafür.**

RICHTIGER STANDORT 🐾 Kompost sollte als wichtiger Lebensraum betrachtet werden, der einen guten Platz braucht: halbschattig, nicht zu trocken und nicht zu feucht. Wenn er zu trocken und heiß ist, steht der Abbauprozess, und die Organismen darin können nicht arbeiten. Ist er zu kalt und feucht, kommt es nicht zu einer Verrottung, sondern zum Verfaulen der organischen Stoffe mit unangenehmer Geruchsentwicklung. Umgeben von Sträuchern ist er gut abgeschirmt und zugleich geschützt.

Der Kompost liefert die Basis für einen reich blühenden und fruchtenden Garten.
(Foto: Monika Biermaier)

Trockene Standorte

(Foto: Osterland/fotolia.com)

Viele Nützlinge nisten am Boden, zwischen Steinen, in der Erde oder im Sand. Sie brauchen offene oder wenig bewachsene, sandige und gut besonnte Stellen. Im Garten sollte man bewusst Plätze in diesem Sinne gestalten und frei halten. Sie haben genauso große Bedeutung wie beispielsweise wilde Ecken mit nährstoffreicher Erde, wo Wildkräuter üppig und ungestört gedeihen können.

Unbepflanzte Randbereiche

Diese kleinen Flächen finden sich oft entlang von Wegen, knapp an Mauern, an Böschungen oder an schlecht nutzbaren Restflächen. Gerade für

Die Gestaltung von Hängen mit Wegen, Treppen und Mauern erschließt auch für die Tierwelt neue Lebensräume. (Foto: aodaod/shutterstock.com)

die Insektenwelt sind steinige, sandige, magere, trockene und auch lehmige Stellen sehr gefragt. Wichtig ist, dass sich keine Staunässe bildet und die Insekten in ihren Gängen ertrinken oder Schimmel entstehen kann. Von der Sonne angewärmte und abgetrocknete Böschungen werden bevorzugt.

Der Vorteil ist, dass Böschungen und Randflächen im Garten oft schwierig zu pflegen sind. So bleiben sie gewollt oder ungewollt unbearbeitet und unbepflanzt und somit als Lebensräume für die Insektenwelt erhalten.

Geländekanten nützen

Die Gestaltung von Hängen mit kleinen Ebenen und Mauern bringt für den Menschen viele gestalterische Möglichkeiten und auch für die Tiere neuen Nutzen. Da immer mehr steile Lagen für Siedlungstätigkeit erschlossen und terrassiert werden, entstehen hier neue Lebensräume.

Kleine Geländekanten oder Wege, die in den Hang einschneiden, sind ideal für Pionierarten, die ihre Nistgänge in den freigelegten Wänden anlegen, wie Furchenbienen, Pelzbienen und Lehmwespen. Ihnen folgen Arten nach, die diese Nistgänge nutzen, wie einige Maskenbienen und Grabwespen. Auch hier ist es vorteilhaft, dass die steile Wand von Pflanzen schwer erschlossen wird und sie oft lange offen und trocken bleibt.

Zäune durchlässig gestalten

Vögel, Fledermäuse, Schmetterlinge, Libellen, Bienen und Käfer fliegen durch die Lüfte und brauchen sich an keine Grenzen zu halten.

Igel haben es da schon schwerer. Sie müssen auf ihren ausgedehnten Streifzügen Mauern und Zäune überwinden. Hindernisse halten einen Igel nicht unbedingt ab, können ihn aber große Anstrengungen kosten. Es sollte daher zumindest immer Schlupflöcher für Tiere in den Zäunen geben. Zäune und Mauern sind einerseits Grenzen, andererseits stellen sie Übergangsbereiche dar, die von vielen Tieren gern genutzt werden. An einer Mauer oder einer Hecke herrscht Rückenschutz, während der Weg oder die offene Wiese davor gut einsehbar sind. Der Wurm auf dem Weg wird schnell entdeckt und erbeutet. Bei Gefahr ist eine Flucht nach hinten, unter die Mauer oder zwischen den Zaunlatten hindurch, rasch möglich. Auch Pflanzen haben an den Rändern oft größere Chancen zu überleben, weil sie dort weniger stören oder einfach übersehen werden. Von der Bedeutung dieser Bereiche für Pflanzen und Tiere zeugen viele Namen wie Zaunwinde oder Zauneidechse.

Trocken geschichtete Mauern aus Stein sind ideale Lebensräume für Pflanzen und Tiere. (Foto: Arnold Plesse / Wikimedia Commons)

Lebensraum Trockenmauer

Für eine Trockensteinmauer werden Natursteine trocken, das heißt ohne Verwendung von Mörtel übereinandergeschichtet. Eine gleichmäßige und stabile Stapelung ist für die Standfestigkeit wichtig. Trotzdem entstehen genügend Fugen, Ritzen und Hohlräume zwischen den Steinen, die Pflanzen und Tieren besondere Nischen bieten. Die starke Erwärmung der Steine in der Sonne wird von mediterranen Kräutern ebenso wie von wärmeliebenden Insekten und Eidechsen oder Blindschleichen geliebt. Kröten und Frösche ziehen die

(Foto: Monika Biermeier)

Die Steinnelke fühlt sich auf sandigen Flächen besonders wohl. (Foto: Monika Biermaier)

kühlen und feuchten Ritzen im Mauerinneren vor. Die Höhlen hinter den Steinen bieten Schutz bei Wind und Wetter und im Winter.

Sandige Beete

Auf mageren Standorten herrscht in der Natur ein besonderer Blumenreichtum. Viele Blütenpflanzen, die sich gegen wuchskräftigere Arten auf nährstoffreichen Böden nicht durchsetzen können, haben hier ihre Chance. Sie kommen mit weniger Nährstoffen als andere Pflanzen aus und haben dadurch weniger Konkurrenz.

Ein Trockenbeet lässt sich in jedem Garten leicht umsetzen. Hier fühlen sich Steinbrecharten und andere Dickblattgewächse, Liliengewächse, kleine Gräser, Nelken wohl. Die Kräuter- und Gräservielfalt bedeutet zugleich eine hohe Insektenvielfalt. Außerdem kommt es wiederum dem Gärtner zugute, dass er auf diesen Standorten weniger gießen und jäten muss als auf gut versorgten Böden.

Die Blüten der Fetthenne sind eine beliebte Futterpflanze für allerlei Insekten, die Blätter ernähren Schmetterlingsraupen.
(Foto: Monika Biermaier)

Futterpflanzen an trockenen Standorten

Deutscher Name	Botanischer Name	Wuchshöhe in cm	Blüten- farbe	Blühzeit	Besonders wichtig für
Arznei-Thymian	*Thymus pulegioides*	5–20	Rosa	Jun–Okt	B, H, S
Dach-Hauswurz	*Sempervivum tectorum*	10–30	Rot	Jul–Sep	B, H, I
Fetthenne, Große	*Hylotelephium telephium*	25–50	Rot	Jul–Sep	S
Hohler Lerchensporn	*Corydalis cava*	10–20	Gelb	Mai–Okt	B, H, S
Kathäuser-Nelke	*Dianthus carthusianorum*	15–50	Dunkelrosa	Mai–Sep	B, H, S
Kaukasus-Asienfetthenne	*Phedimus spurium*	5–20	Rosa	Jul–Aug	B, H, S
Kuhschelle, Gewöhnliche	*Pulsatilla vulgaris*	15	Hellviolett	Mär–Apr	B, H, S
Mauerpfeffer, Scharfer	*Sedum acre*	5	Gelb	Jun–Jul	B, H, S
Oregano	*Origanum vulgare*	20–60	Rosa	Jul–Sep	B, H, S
Steinkraut	*Alyssum saxatile*	15–40	Gelb	Apr–Mai	S, I
Traubenhyazinthe	*Muscari racemosum*	10–20	Blau	Apr–Jun	B, H, S
Zwerg-Glockenblume	*Campanula cochlearifolia*	5–15	Blau	Jun–Aug	B, H, I

Legende B = Bienen, H = Hummeln, S = Schmetterlinge, I = Käfer, Fliegen, V = Vögel, K = Kleinsäuger

(Foto: Monika Biermaier)

Rund ums Wasser

Im Menschen ist das Bedürfnis, auch aus einem Mangel an Wissen heraus, alle Senken begradigen und auffüllen zu wollen. „Sümpfe trockenlegen" hat sich schon im Sprachgebrauch festgesetzt, um zu verdeutlichen, dass Schädliches ausgemerzt wird. Gerade feuchte Stellen sind jedoch wichtige Ausgleichsflächen und Übergangsbereiche, die von vielen Tieren genutzt werden. Am Rand von Teichen und in Feuchtwiesen hat sich eine eigene Pflanzenwelt an die wechselnd feuchten Bedingungen angepasst.

Faszination Teich

Im Garten ist der Teich oft der Mittelpunkt, die Hauptattraktion. Die spiegelnde Oberfläche schafft Raum im Garten und ist ein Ruhepol. Die sanfte Bewegung des Wassers zieht den Blick an. Das Auge verweilt darauf und beobachtet das rege Leben darum herum. Ein Teich beeinflusst das Mikroklima im Garten, er mildert große Hitze durch Verdunstung über seine Oberfläche, die Luftzirkulation über der Wasserfläche ist verstärkt.

LEBENSRAUM WASSER ◌ Unter Wasser gedeiht Tausendblatt, auf dem Wasser schwimmen Wasserlinsen, am Gewässergrund wurzeln Weiße Seerose und Pfeilkraut. Im Flachwasserbereich wachsen Dotterblume und Hahnenfuß. Zur vielfältigen Pflanzenwelt gesellt sich eine reiche Tierwelt. Libellen schwirren über dem Wasser, Frösche

und Kröten laichen ab. Kaulquappen beleben das Wasser in großen Mengen und locken Vögel und Ringelnattern an.

Vögel kommen auch zum Trinken und zu einem Bad, Ringelnattern schlängeln sich elegant durch das Wasser. Sie tun sich ohne viel Mühe an den Kaulquappen gütlich. Libellenlarven im Wasser fressen ebenfalls fleißig mit.

LEBENSRAUM FEUCHTZONE ◌ In der freien Natur gibt es um jeden Teich herum eine Feuchtzone. Hier gehen Ringelnattern und andere Kleintiere auf die Jagd nach Würmern, Käfern und Raupen. Vögel finden Insekten, manche bauen

Libellen jagen vorzugsweise in der Dämmerung und verlassen sich beim Aufspüren der Beute auf ihre Augen.
(Foto: Gunnar Ries/Wikimedia Commons)

ihre versteckten Nester im Gras. Auch junge Frösche brauchen Versteckmöglichkeiten in der Nähe des Teiches, deshalb ist es besonders wichtig, die Pflanzen in Wassernähe hoch und dicht stehen zu lassen.

TIPP 🐝 **Bei allen Wasserflächen sollte man eine Ausstiegshilfe vorsehen, z. B. ein kleines Brett.**

LEBENSRAUM TIEFWASSER 🐝 Neben dem flachen Ufer ist eine Stelle im Teich wichtig, die tief genug ist, damit er in kalten Wintern nicht völlig durchfriert und Frösche und Molche darin überwintern können. Eine Vertiefung der Teichsohle von 1 m Durchmesser und 0,8–1 m Tiefe ist für einen Rückzug der Tiere ausreichend.

Am Teichrand blühen Blutweiderich, Zungen-Hahnenfuß und Hechtkraut. Der Blutweiderich zieht Schmetterlinge stark an. (Foto: Monika Biermaier)

Futterpflanzen an Feuchtstandorten

Deutscher Name	Botanischer Name	Wuchshöhe in cm	Blüten- farbe	Blühzeit	Besonders wichtig für
Blutweiderich	Lythrum salicaria	50–130	Rosa	Jun–Sep	B, S, I
Gilbweiderich, Felberich	Lysimachia vulgaris	60–130	Gelb	Jun–Aug	B, H, S
Hahnenfuß, Kriechender	Ranunculus repens	10–50	Gelb	Mai–Aug	B, I
Himmelsleiter, Jakobsleiter	Polemonium caeruleum	30–80	Blau	Jun–Sep	B, I
Mädesüß, Echtes	Filipendula ulmaria	50–130	Weiß	Jul–Sep	S, I
Poleiminze	Mentha pulegium	10–30	Violett	Jul–Sep	B, H, S
Schwertlilie, Sibirische	Iris sibirica	30–80	Violett	Mai–Jun	B, H, I
Seerose, Weiße	Nymphea alba	50–300	Weiß	Jun–Sep	B, H, S
Sumpfdotterblume	Caltha palustris	15–60	Gelb	Mär–Mai	B, I
Sumpf-Pippau	Crepis paludosa	30–80	Gelb	Mai–Aug	B, S, I
Sumpf-Storchschnabel	Geranium palustre	30–80	Rot	Jun–Sep	B, H, I
Sumpf-Ziest	Stachys palustris	10–60	Violett	Jun–Aug	B, H, I
Teichrose, Gelbe	Nuphar lutea	50–250	Gelb	Jun–Sep	S, I
Wasserdost, Gewöhnlicher	Eupatorium cannabium	50–200	Rosa	Jul–Sep	B, S, V
Weidenalant	Inula salicina	30–60	Gelb	Jul–Aug	H, S, I
Weidenröschen	Epilobium palustre	10–50	Rosa	Jul–Sep	S, I
Zungen-Hahnenfuß	Ranunculus lingua	40–150	Gelb	Jun–Aug	B, I

Legende B = Bienen, H = Hummeln, S = Schmetterlinge, I = Käfer, Fliegen, V = Vögel, K = Kleinsäuger

(Foto: Dirk Ingo Franke/Wikimedia Commons)

Balkon und Terrasse

Bienen, Hummeln, Schmetterlinge und andere Insekten kommen auch auf den Balkon oder zum Fensterkistchen zu Besuch, wenn sie von Blüten angelockt werden. In Süd- oder Südostlagen muss man mit starker Sonneneinstrahlung und Hitzeentwicklung rechnen. Sehr pflegeleicht und trockenresistent und für solche Standorte gut geeignet sind Hauswurz, Fetthenne, Sonnenröschen und Gräser. Sie kommen mit ein- bis zweimal Gießen pro Woche aus. Blaukissen, Disteln und Astern ziehen Schmetterlinge besonders an, auch ein Schmetterlingsstrauch kann in einem großen Blumentopf am Balkon gezogen werden. Auf größeren vertikalen Flächen oder auf Pergolen können Kletterpflanzen hochgezogen werden (siehe Seite 61). Sie sorgen für zusätzliches Grün in der Höhe. Auch ein kleines Insektenhotel findet auf dem Balkon zwischen Kräuteröpfen und Blumenkästen Platz.

DUFTENDE KRÄUTERKISTEN Besonders praktisch sind mediterrane Küchenkräuter am Balkon. Thymian, Oregano, Bohnenkraut, Salbei, Rosmarin und Lavendel brauchen wenig Wasser und werden von Bienen und Hummeln umschwärmt (siehe Seite 58). Auch die Menschen erfreuen sich an dem Duft, den die Kräuter verströmen. Er ist an heißen Tagen am stärksten, wenn die ätherischen Öle an der Sonne verdampfen. Die Blütenbesucher sind bei der Kräuterernte keine Konkurrenz, man sollte nur nicht zu schnell alles abernten oder alle Blüten wegschneiden.

WIESE VOR DEM FENSTER Mit einer Samenmischung von einer heimischen Blumenwiese kann man sich ein besonderes Stück Natur auf den Balkon oder die Terrasse holen. Kornblume und Klatschmohn finden hier vielleicht mehr Aufmerksamkeit als in der Wiese. Wenn es gelingt, eine Kleine Nachtkerze in einen Topf zu versetzen (sie bildet lange Pfahlwurzeln aus und lässt sich nicht gern ausgraben), hat man am Abend ganz nahe das Schauspiel der sich öffnenden Blüten vor sich, und kann die Besuche der Nachfalter unmittelbar beobachten.

Am wenigsten interessieren sich die Insekten für typische Fensterkistenpflanzen, denn auf Pelargonien, Petunien und anderen sterilen Blüten finden sie keine Nahrung.

Blühende Küchenkräuter sind auch auf Terrasse und Balkon wahre Nützlingsmagneten.
(Foto: H. Brauer/shutterstock.com)

BALKON UND TERRASSE 71

Kreative Gestaltung (in) der Natur

Die Natur bringt oft Erstaunliches hervor, sie verändert sich stets und nichts gleicht dem anderen. Jede Pflanze und jedes Tier sucht sich seine Nische, und jedes Blatt und jede Ritze wird genutzt. Diese Wunder einerseits zuzulassen und mit gezielten Maßnahmen andererseits zu fördern, bereichert das eigene Er-Leben im Garten. Das Arbeiten mit Naturmaterialien und die Gestaltung von Lebensräumen und Nischen im Garten bringen viel Freude und Entspannung.

(Foto: Kobra78/fotolia.com)

Die Natur erleben

(Foto: Dmitry Naumov/shutterstock.com)

Die Freude am Entdecken und Erleben ist wesentlich. Vieles in der Natur entgeht uns aus mangelnder Kenntnis und Unaufmerksamkeit. Es geht nicht darum, alles wissenschaftlich genau zu benennen und vollständige Aufnahmen durchzuführen, auf das Schauen, Wahrnehmen und Erkennen kommt es an.

VIEL ZU ENTDECKEN 🐌 Aufmerksame Beobachter entdecken immer etwas, vor allem Kinder haben einen scharfen Blick: Manche Mauerbienen nutzen leere Schneckenhäuser als Nistkammern. Gallwespen legen ihre Eier in die Knospen von Stiel- und Traubeneichen. Es entstehen kugelige Verdickungen, die Eichengallen, in denen sich die Nachkommen entwickeln. Wenn diese sie verlassen haben, nutzen sie manche Wildbienen als Wohnsitz für ihre Nachkommenschaft. Auch Schilfgallen der Schilfgallenfliegen werden so ein zweites Mal genutzt. Wegränder oder frische Gräben werden sofort neu besiedelt: Davon zeugen Löcher in verschiedensten Größen von Mäusen und kleinen Erdbienen an trockenen „Ministeilwänden". Ameisen und Würmer hinterlassen ihre Spuren, in Wasserpfützen entsteht neues Leben.

NÄCHTLICHE STREIFZÜGE 🐌 In der Dämmerung im Garten wird man so manchen Gartenbesucher aufspüren, wenn man sich ruhig verhält. Im Sommer ist es ein Erlebnis für Kinder, aber auch für Erwachsene, in der Dunkelheit mit der Taschenlampe auf die Pirsch zu gehen: Igel, Fledermaus, Nachtfalter und anderes Getier bekommt man sonst kaum zu Gesicht. Im Gebüsch rascheln Mäuse, vielleicht sieht man auch eine Spitzmaus am Heckenrand vorüberhuschen.

GENAU HINSCHAUEN 🐌 Ertragreiche Expeditionen liefert das Leben am Teich oder unter Steinen und Holzstücken. Aber auch hohe Wiesen, warmer Sandboden und der Kompostplatz sind es wert, ausgiebig betrachtet zu werden. Eine Lupe ist sehr hilfreich, um kleine Krabbeltiere einmal genau zu untersuchen, ihre Beine zu zählen und ihre vielgliedrigen Fühler und formenreichen Mundwerkzeuge näher zu betrachten.

Es lohnt sich, den Blick für Details zu schärfen.
(Foto: nanomanpro/fotolia.com)

(Foto: Monika Biermaier)

Nützlingshotels einmal anders

Viele Hobbygärtner streben im Garten „gute Erde", nährstoffreich und ohne Steine, an. Diese ist zwar förderlich für das Blumenbeet, aber nicht überall notwendig. Pflanzen und Tiere brauchen verschiedene Standorte, unter anderem auch sandige und steinige. Eigene Lebensräume und Kleinlandschaften sind im Garten schnell gestaltet.

KINDER 🐾 entwickeln dafür eine besondere Hingabe: Wenn man ihnen eigene Bereiche überlässt, können sie Löcher graben, Gräben ziehen, Steilwände bilden, Hügel aufschütten und dabei offene Stellen schaffen, die sandig und steinig oder lehmig und morastig sind. Aus Steinen, Ziegeln, Lehm, Holzstücken und Zweigen entstehen Bauten für Elfen und Zwerge oder Ritter und Indianer, und dabei als Zugabe zugleich auch Burgen für Insekten. Die andere Sichtweise von Kindern beziehungsweise ihr anderer Sinn für Schönheit kommen den Tieren entgegen.

Hölzerne Kunstwerke auf Zeit

Abgestorbene Bäume, die im Garten stehen bleiben, oder umgeschnittene Bäume, die neu aufgestellt werden, können ganz individuell und kreativ zu eigenen Nützlingshotels gestaltet werden, auch in Form von „Marterpfählen" und anderen Kunstwerken auf Zeit.

Dafür kann man beispielsweise den Stamm teilweise entrinden, mit umweltfreundlichen Farben bemalen – Insekten werden von kräftigen Farben angelockt – und mit Naturmaterialien behängen, beispielsweise mit besonders geformten Ästen, von Blauregen oder Korkenzieherhasel. Darüber hinaus kann man das Objekt zusätzlich mit Materialien für Nistplätze ausstatten, Löcher hineinbohren, Lehmbrocken einbauen oder es mit

Abgestorbene Baumstämme mit bizarrer Struktur sind nicht nur optischer Aufputz, sondern bieten auch Quartier für viele Nützlinge.
(Foto: Monika Biermaier)

(stachellosen!) Brombeerzweigen umwickeln. Auch lebende Kletterpflanzen, wie Brombeere, Hopfen oder Echtes Geißblatt, die an der Basis der Skulptur gepflanzt werden, bieten Rückzugsraum und Nahrung für diverse Nützlinge.

Der Bau macht Groß und Klein viel Spaß, das Kunstwerk kann eher unauffällig im Heckensaum positioniert werden oder als imposantes Bauwerk im Vordergrund stehen. In jedem Fall ist das Kunstobjekt vergänglich und geht seinen Weg im Kreislauf der Natur. Es wird mit der Zeit von den Insekten zerfressen und zerfallen wie jeder tote Baum, der vermorscht. Es gibt keine Entsorgungsprobleme und keinen Abfall.

Objekte aus Ton und Lehm

Das Arbeiten mit Ton oder Lehm kann im Freien großzügig erfolgen. Der Ton kann nach Belieben modelliert werden; verschieden große Löcher bieten Platz für die Nützlingswelt. Stellt man sein Werk geschützt vor Regen auf, reicht es, den Ton trocknen zu lassen und man muss ihn nicht brennen.

„Land-Art"

Übrigens: Kunst in der Landschaft (im Garten) ist nicht nur für Kinder interessant. Auch Erwachsene sind dazu aufgefordert, dort ihre Kreativität auszuleben.
In der Bearbeitung von Holz, Ziegeln und Ton liegen vielfältige Möglichkeiten, Naturformen von interessanten Ästen und Wurzeln regen die Fantasie an. Wie sich schon kurz darauf zeigen wird, gefällt dies auch den Tieren: Löcher und Hohlräume sind rasch bezogen.
Dafür ist der Garten ja unter anderem da: Im Unterschied zum Wohnzimmer muss nicht alles perfekt sein, er bietet Freiraum für jeden und ein kostenloses Vergnügen mit Mehrwert für die Tierwelt.

(Foto: Monika Biermeier)

LEHMWÄNDE 🐝 Wenn vorhanden, kann man auch Lehm oder einfach lehmige Erde mit Stroh im Verhältnis 3:1 vermischen und damit Lehmwände aufbauen. Sie sollten auf jeden Fall eine Dicke von 20–30 cm haben. Solche Lehmwände brauchen etwas zum Anlehnen, zum Beispiel ein Holzbrett oder eine Steinmauer.

Der Lehm kann auch an einer Weidenflechtwand aufgezogen werden. Dafür stellt man am einfachsten einen Holzrahmen her, zum Beispiel in einer Größe von 1 × 1 m. Wenn die fertige Lehmwand frei stehen soll, kann der Holzrahmen an Eckpfosten, die in der Erde verankert werden, montiert werden. An dem Rahmen werden einige Längsruten aus Weide oder Hasel befestigt und um diese herum biegsame Weidenruten geflochten. Dieses Gestell wird mit dem Lehmgemisch verschmiert und von unten her als dicke Lehmwand aufgebaut. In den Lehm werden wie beim Ton Löcher für Nistkammern gebohrt. Die Rahmenkonstruktion wird noch mit einem Dach versehen, damit der Lehm bei Regen nicht weggeschwemmt wird.

Insektenhotels als Raumteiler

Man muss ein Insektenhotel nicht extra aufstellen oder an die Wand lehnen, sondern kann es gleich als Abgrenzung nutzen und in einen Zaun oder eine Mauer einbauen. Auch als Wand einer Kräuterkiste oder als Teil eines Sichtschutzes mit Pergola lassen sich Insektenhotels gestalten. Allerdings ist bei allen Einbauten auf die richtige Ausrichtung, auf ausreichende Besonnung und auf eine halbwegs ungestörte Lage zu achten.

INSEKTENZÄUNE 🐝 Die Einfassung sollte genauso stabil und haltbar wie der Zaun ausgeführt sein, dann kann das Material innerhalb des Rahmens leicht ausgetauscht werden. Wenn das Hotel als Abgrenzung des Nutzgartens verwendet wird, sind die Nützlinge für Obst und Gemüsepflanzen gleich zur Stelle. Oder man integriert es als Raumteiler: seitlich bei einem Sitzplatz, in eine Mauer, in Geländestufen oder eingebaut in eine Trockensteinmauern

LÖFFELSTEIN-HOTELS 🐝 Auch sonnenbeschienene Löffelsteine, die oft sehr trocken und schwer zu bepflanzen sind, können zu Insektenhotels umfunktioniert werden. Dazu werden einzelne Löffelsteine freigelassen anstatt mit Erde befüllt und bepflanzt. Jeder Löffelstein ist ein kleines Hotel. Damit nicht gleich Erde von hinten nachrieselt, kann an der Rückseite ein Flies oder ein Drahtgeflecht mit ein paar Steinen dahinter eingeklemmt werden. Die Befüllung erfolgt wie bei einem klassischen Insektenhotel mit Zweigstücken und gebündelten Halmen, Ästen und Hartholzblöcken, Lehm und Ziegeln.

Gemeinschaftsprojekte

Manche Gemeinden oder Vereine haben entdeckt, dass der Bau eines großen Insektenhotels ein durchaus sehenswertes Element im öffentlichen Bereich sein kann, mit dem gleich mehrere Ziele auf einmal verwirklicht werden können: die Förderung des Interesses an der Natur, die Auseinandersetzung mit der Bedeutung der Insekten und eine Stärkung der Gemeinschaft in der Gemeinde.

(Foto: Monika Biermeier)

Die Larven der Bienen ernähren sich zwei bis vier Wochen von Pollenvorräten – rechts frisch gelegte Bieneneier, links fertig entwickelte Larven. (Foto: Waugsberg/Wikimedia Commons)

Dem Insektenleben auf der Spur

Wie rasch kleine Insekten auf ihrem Erkundungsflug die neuen Plätze entdecken! Wie schnell einzelne Halme und Röhren verschlossen sind! Wie viel verschiedene Insekten sich einfinden! Es gibt eine Menge zu beobachten – und wie geht es in den Nistkammern weiter?

LEBENSZYKLUS EINER BIENE 🐝 Nach vier bis zehn Tagen schlüpft eine bein- und augenlose Larve aus dem Ei. Sie braucht eiweißreiche Nahrung, die sie mit dem Pollenvorrat hat. Wenn sich die Made fertig entwickelt hat, spinnt sie sich in einen Kokon ein und verpuppt sich. Es folgt meist eine Ruhephase (wenige Wochen bis

zu mehreren Monaten über den Winter), bis die Metamorphose, die Umwandlung zum fertigen Insekt, erfolgt.

Das Leben eines Insekts besteht also nicht erst ab dem Zeitpunkt, wenn es sich aus der Puppe zum erwachsenen Vollinsekt umgewandelt hat, d. h. für uns „sichtbar" geworden ist. Das Leben als adultes Insekt ist oft recht kurz und dient ausschließlich der Fortpflanzung, vielleicht einige Wochen, vielleicht sogar nur wenige Tage, während das Stadium als Larve oder Puppe mehrere Monate und den ganzen Winter über dauern kann.

Bauanleitung für eine Niströhre

Wenn Wildbienen ihre Nistkammern verschlossen haben, haben wir keinen Einblick mehr. Man kann aber für das Insektenhotel einige Zweige oder Halme präparieren, um sie später herauszuziehen und nachzusehen. Als natürliche Brutröhren eignen sich Holunder- und Forsythienzweige oder Bambus. Die Sprossen werden vorsichtig längs geteilt, bei Bedarf noch ausgehöhlt und mit einem Gummi zusammengehalten. So können sie geöffnet und wieder verschlossen werden. Sie werden möglichst so durchgeschnitten, dass Unterseite und Deckel entstehen, dann werden Tiere darin weniger gestört und nicht so leicht verletzt.

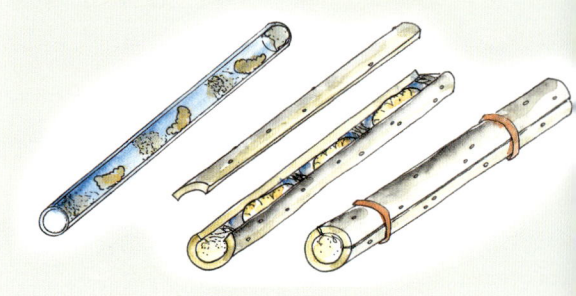

(Foto: Monika Biermaier)

Literatur

Bellmann, Heiko: *Der neue Kosmos Insektenführer.* Kosmos Verlag, Stuttgart 2009.

Gamerith, Werner: *Tiere im naturnahen Garten.* avBUCH, Wien 2006.

Günzel, Wolf Richard: *Das Insektenhotel.* Pala Verlag, Darmstadt 2007.

Henze, Otto/ Gepp, Johannes: *Vogelnistkästen in Garten und Wald.* Leopold Stocker Verlag, Graz 2004.

Kienegger, Manuela: *Nützlinge im naturnahen Garten.* avBUCH, Wien 2007.

Oberholzer, Alex/ Lässer, Lore: *Gärten für Kinder.* Ulmer Verlag, Stuttgart 2003.

Richarz, Klaus: *Natur rund ums Haus.* Kosmos Verlag, Stuttgart 2005.

Witt, Reinhard: *Wildpflanzen für jeden Garten.* BLV, München 1995.

Interessante Links

www.arthropods.de

www.birdlife.at

www.hymenoptera.de

www.insektenbox.de

www.tierundnatur.de

Bezugsquellen für Nisthilfen und Nützlinge zur biologischen Schädlingsbekämpfung

www.biohelp.at

www.neudorff.de

www.schwegler-natur.de

www.vivara.de

COVERFOTO

Tom Gowanlock/shutterstock.com

IMPRESSUM

avBUCH im Cadmos Verlag
Copyright © 2012 by Cadmos Verlag, Schwarzenbek
2. Auflage 2012

GESTALTUNG UND SATZ: Hantsch & Jesch
PrePress Services OG, 1230 Wien
UMSCHLAG: Ravenstein und Partner, Verden
LEKTORAT: Brigitte Millan-Ruiz, Bisamberg

DRUCK: Westermann Druck, Zwickau

Deutsche Nationalbibliothek – CIP-Einheitsaufnahme
Die Deutsche Nationalbibliothek verzeichnet diese Publikation in der
Deutschen Nationalbibliografie; detaillierte bibliografische Daten sind
im Internet über http://dnb.ddb.de abrufbar.

ISBN: 978-3-8404-8105-5